笑翻美食简史

A BRIEF HISTORY OF FOOD

张腾岳 著

CNS 中南出版传媒 | 湖南科学技术出版社 博集天卷 CS-BOOKY

图书在版编目（CIP）数据

笑翻美食简史 / 张腾岳著 . -- 长沙：湖南科学技术出版社，2024. 8. -- ISBN 978-7-5710-3006-3

I. TS971.202

中国国家版本馆 CIP 数据核字第 2024R3U910 号

上架建议：畅销 · 科普

XIAOFAN MEISHI JIANSHI

笑翻美食简史

著　　者：张腾岳
出 版 人：潘晓山
责任编辑：刘　竞
监　　制：邢越超
出 品 人：周行文　陶　翠　何　遥
策划编辑：王　维
特约编辑：周冬霞
营销支持：周　茜
封面设计：利　锐
版式设计：李　洁
内文插图：视觉中国
内文排版：百朗文化
出　　版：湖南科学技术出版社
（湖南省长沙市芙蓉中路 416 号　邮编：410008）
网　　址：www.hnstp.com
印　　刷：三河市鑫金马印装有限公司
经　　销：新华书店
开　　本：680 mm × 955 mm　1/16
字　　数：138 千字
印　　张：14
版　　次：2024 年 8 月第 1 版
印　　次：2024 年 8 月第 1 次印刷
书　　号：ISBN 978-7-5710-3006-3
定　　价：49.80 元

若有质量问题，请致电质量监督电话：010-59096394
团购电话：010-59320018

目录

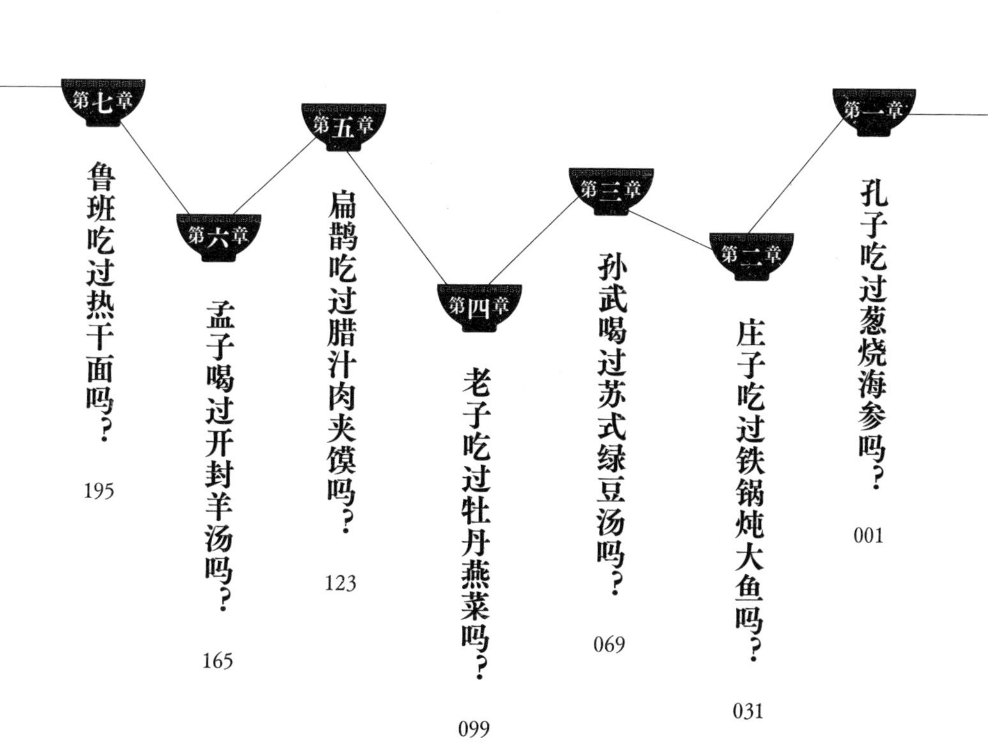

第一章

孔子吃过葱烧海参吗？

孔子曾经吃过葱烧海参吗?

乍一听这个问题，大家可能会觉得莫名其妙。孔子我们当然都知道，葱烧海参我们也知道，是一道经典名菜，但这两者之间有什么关联呢?

众所周知，孔子生在春秋时期的鲁国，也就是今天的山东省，再具体一点，就是曲阜市。葱烧海参是山东省的经典美食，是鲁菜的代表名菜之一，那么，我们不妨想象一下，孔子在他生活的时代，是不是已经知道海参能吃?如果他吃海参的话，有哪些吃法?而作为一个美食家，孔子又会对葱烧海参有着怎样的评价?

其实自然界中的海参是同一类下900多种动物的统称，它们全部生活在海洋中，与海胆、海星这些算是最近的亲戚。不过一般人对它们最直观的认知还是能吃且好吃，既能红烧、清蒸，也能凉拌、熬汤，还可以剁成馅包海鲜饺子。除了葱烧海参，还有虾子大乌参、梅花（大乌）参嵌肉、一品海参等其他菜系里的海参名菜，而在极其有名的佛跳墙里，海参也是重要的原料之一。如果要列举人们最熟悉的海鲜名产，海参肯定是能占据一个位置的。

但古人和我们可不一样，从知道海参这东西，到确定海参能吃且好吃，再到最后把它做成一道道名菜摆上高级筵席，这每一步都是逐渐演变而来的，并不是人们一见到海参就知道这东西能被当成高级海鲜来食用。

用屁股呼吸的海参

目前比较公认的中国古代对海参最早的记载，出自一本叫作《临海水土异物志》的书，作者是三国时期吴国人沈莹。这本书主要讲的是当时东南沿海一带的风土人情，是一本物产杂记，可以理解成地方性的博物志。

《临海水土异物志》里关于海参的记载如下："土肉，正黑，如小儿臂大，长五寸，中有腹，无口目，有三十足，炙食。"简单翻译一下，就是说这东西的颜色多为黑色，和婴儿的胳膊差不多大，整体长五寸左右，有腹腔，没有眼睛和嘴，长着约三十条腿——现在我们一般说的海参的"刺"，学名叫作疣足——烤着吃。这么一看，当时古人已经准确地概括出了海参的外貌特征，沿海地区的人们也已经知道海参能吃，虽然烤着吃这种方法今天听起来挺离谱的，但当时的人们确实给了它一个直白表现出它可食用的名字——"土肉"。

这里需要额外提一句，虽然古代很长一段时间里人们都把海参称作"土肉"，但"土肉"不一定专指海参，也可能是其他不常见的生物的代称，比如在网上被传得很玄乎的神秘生物“太岁”。有人说《山海经》里提到的土肉就是海参，引用的例证就是上面那段古文，但实际上这属于以讹传讹。

三国之后，代指海参的“土肉”开始出现在各种古籍中，其间也出现了像“海鼠”“海黄瓜”“沙参”等其他根据外形特征给海参起的俗名。到了明朝万历年间的一本书《五杂组》里，则已经开始提及海参“其性温补，足敌人参，故名海参”，说明了海参现代通用名字的由来。

从三国到明代，中间隔了1000多年，海参这才逐渐从土肉变成海参，这足以说明两件事：一是之前接触过它的人确实不多，毕竟是海产，起码在内陆地区的人就一般很难有机会见到；二是喜欢吃它的人恐怕也不多，否则总会有合格的吃货想方设法把它推广开来，让更多的人了解它。

这个猜想并非凭空臆测，古人对海参的记录最早多限于药用方面，比如宋朝时有医书提到海参——“其肠尤疗痔为验”，很可能说的就是当时有海参能治痔疮的偏方。而之后随着接触海参的机会增多，有人逐渐根据以形补形的道理，把海参向着能滋阴壮阳的方向拓展，但到此为止，还都只限于少部分“识货”之人的喜好，无法和一早扬名的其他海鲜相提并论。

要分析原因，和虾、蟹、贝类这些比起来，海参作为食材，对人来说其实更具挑战性。海参属于棘皮动物的一种，这种动物的最大特点之一就是不走寻常路，从外形到结构，都和我们常见的其他动物相差甚远。海参已经算是棘皮动物里面长得比较“像样”的了，但仔细看过去，如果问你海参的头是不是头，脚是不是脚，吃的部分是不是肉，吐出来的内脏是不是内脏，恐怕大多数人都是一脸茫然，觉得自己似乎知道，其实又不完全知道。

前面说过，海参和海胆、海星这些是亲戚，从生物学的分类来说，它们都属于棘皮动物，而这个棘皮动物呢，又属于无脊椎动物，顾名思义，就是身体内没有一套完整的骨骼系统，和鱼啊，蛇啊，鸟啊，猫啊，狗啊，当然还有咱们人类所属的脊椎动物一起构成了常见动物的两大类。而说到这个棘皮动物的特点，简单来说，就是不走寻常路的演化方式，别的生物往往是越演化越复杂，诞生出更多的器官，但大多数棘皮动物反而越活越倒回去，把老祖宗好不容易变出来的眼睛、胳膊、腿甚至大脑这些又都变没了，连呼吸这种最基本的需求，都用肛门的开合来形成水流交换空气，也就是说，其实海参是用屁股来呼吸的。

在演化过程中，海参就是走了这条路线，舍弃了大多感知器官，而选择了简单的生活方式，在海洋里缓慢蠕动，闷头待在海底等着老天爷赏饭吃。海参以从沉积物中寻找的零碎残渣为食，所以也不需要有太复杂的生理结构。在它身上，头和尾的区别只有进和出，以及取食和排泄，浑身上下最多的东西除了那几十个触手当腿蠕动之外，就是周围体壁那一层厚厚的结缔组织，也就是我们所吃的“海参肉”。和真正的肌肉不同，海参的结缔组织主要是由细胞外基质构成的，成分上则是名副其实的胶原蛋白，真正的肌肉只在体壁上存在一小部分。

而和海参经常联系起来的另外一种动物，就是隐鱼（又名潜鱼），这种体长10厘米左右的小鱼有一个独特的生活习性，就是把海参当自己的家。具体点说，就是隐鱼会从海参的肛门钻进去，在海参体内借住，除了产卵和觅食外，不会出来。隐鱼可以几条十几条“群租”在一条海参体内，对于这种对自己没好处，甚至可能导致自己内脏受伤的行为，海参当然是不满意的，但它也没什么反抗的办法，最多是有些海参的屁股那里长出了硬质的“牙齿”，姑且当作一种保护，但似乎效果有限。好在隐鱼也只是借住，而不是寄生，一般不会进一步打海参身体的念头，彼此还能凑合着过。

对隐鱼没办法也就算了，如果遇到专门来捕食自己的天敌，凭海参那点可怜的机动性，是基本不可能跑的，只能和蜥蜴一样断尾求生，指望喷出包括肠子在内的各种东西来吓唬吓唬对手。不过好在海参的再生能力不差，甚至有些和蚯蚓一样断成两截也能各自活下来，因为头部没有重要器官，就算脑袋没了，也能凑合一下再长出来。而更多情况下，海参则选择远离陆地，尽量在大海的某个角落里躲着，温度高的时候，干脆进行生物里少见的

“夏眠”来躲过夏天。在专门捕捞海参成为一门产业前，古代即便是沿海地区的常住居民，接触海参的机会也远比虾、蟹、贝类要少。

从无人问津到顶级食材

说到这里，让我们试想一下，如果你是一个从未去过海边的古人，首次见到一个黑不溜秋、浑身长刺的肉团，能把它当成一种虫子已经算不错的了，更不用说考虑食用。而如果有胆大的人拿起这个肉团仔细研究，还会惊奇地发现，它会很快在手里随着挤压而变硬，如果继续按两下，还可能会喷出一团白色的东西——有人可能说，这我知道，就是刚才说的海参会喷肠子，其实这还真的不是一般的内脏，它的学名叫居维叶氏管——以法国

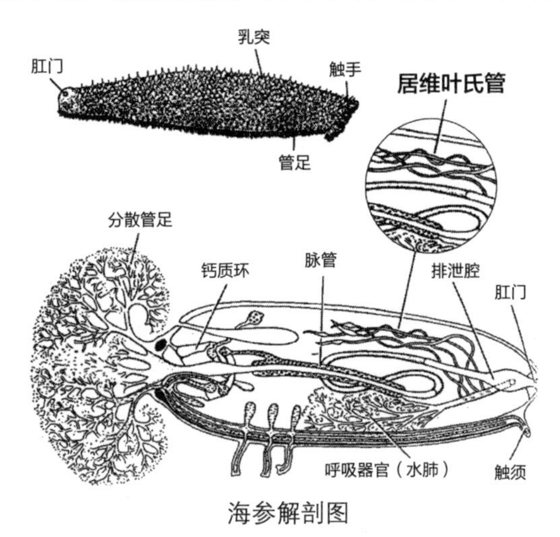

海参解剖图

著名古生物学家居维叶的名字命名，是很多海参特有的防御器官，被喷出来之后，会迅速在海水里膨胀成网状，一般有特殊的味道和极强的黏性——如果在这之后一个人还会生起吃海参的念头，只能说明这个人是真的饿得不行了……

即便克服了这一系列的心理障碍，要吃海参还要面临一个叫作“自溶”的重大难关。海参体内有一套自溶酶系统，在长期离开海水，或者接触到油类等激发性的物质后，就会迅速在海参体内发生反应，把体壁溶化，最后变成一摊胶状液体，彻底打消大家吃它的念头。最快的情况下，退潮后留在岸边的海参在六七个小时内就会彻底自溶，这一点也导致古代内陆地区基本不可能接触到新鲜的海参，必须在把海参捞出后及时加工，取出内脏后历经腌制、烹煮，加灰搅拌后，再晾晒制成干货，才能长期保存并运送到内地。

不过吃货的力量终究是无穷的，经过上千年的努力，不管是捕捞海参的技术，还是加工海参的技术，都在逐渐进步。虽然很难判断海参具体是什么时候开始步入富贵人家成为重要食材的，但从明朝开始确实有例子证实了这一点，比如明代刘若愚记录宫廷饮食的书籍《酌中志》中就谈到，明朝皇帝喜欢吃的一道菜就是海参加鳆鱼（鲍鱼），再加鲨鱼筋（鱼翅），以及肥鸡、猪蹄筋等一起炖，这是当时大受欢迎的一道宫廷御膳。

明朝开国定都在南京，后来迁到北京，这两个地方都是不靠海的，而作为没啥机会接触到海的内地人，明朝皇帝会喜欢上吃海参，那只可能是当时已经习惯把海参当成足以进贡给朝廷的美食。而随着海参这个听起来就“高大上”的名字得到普及，它作为一样高级食材的地位越发稳固，也就越来越容易被研究出更高级的烹饪方法，从而进一步催生出更上等的地位，什么营养、美味、珍贵的标签自然也就随之而来。

到了明朝中后期，海参已经是公认的高档货。崇祯年间，有个知县因为强买强卖市面上的昂贵商品而被人弹劾，上面要求他退还或照价给付，最后他落得一个被罢官的下场。而他的下一任，一个名叫陈函辉的知县看起来对此也深有感触，因为他曾经写过一首诗：“海错何来到市间，天厨水族两争闲；参乎岂便金同价，饱耳宁须肉有山。……”其中的“参”说的就不是人参而是海参，他在诗中抱怨海参太贵，自己也吃不起了，而这首诗的名字就是《天津买海参价忽腾贵》。

等到了清朝，海参的地位又进一步攀升。不管是医书还是食谱，提到海参时都是清一色的夸赞，无外乎是如何好吃、如何滋补，海参也成为无论等级高低、规模大小的各类宴席中的名菜，还诞生出了海参全席，让各种烹饪方式都有在海参身上发挥的机会。比如凉拌海参就是民间首创的新吃法，在夏天，用芥末、鸡汁拌海参，然后作为头道冷盘端上来开胃，在当时颇受好评。

一大批以海参为主的经典名菜也在这个阶段陆续诞生，除了开头说的葱烧海参之外，什么虾子大乌参、竹影海参、梅花（大乌）参嵌肉等一堆菜都被发扬光大，一直传到今天。还有海参粥、海参球等现在可能不太常见的吃法，比如海参球据说就是将海参做成球状，内嵌火腿、鸡皮、鲜笋等各种配料，再用红烧或白烧调制入味的一道工艺菜，好吃又好看。

公认的最能呈现海参美味的做法还是烧煮。与本身已经独具风味的其他海鲜相比，海参充满弹性的食用部分更适合长时间烹饪，用口感浓重的配料增色入味，民间则喜欢久煮，越是煮成糊冻糟软的样子，滋味越是绝妙。以海参做汤羹的方法也是类似，往往还多加了冬笋及菌类等山珍代替浓肉汤，并用更为清淡的鸡汤打底，营养更加丰富而全面。

后来袁枚在《随园食单》这本书里对海参的点评就很精准，他认为海参本是"无味"之物，必须用其他东西来辅助，才能入味，凉拌、炖煮起到的都是这种作用。这个思路一直延续到今天，可以说，现在的海参的做法还都是围绕着这一点而传承下来的，包括福建名菜佛跳墙也是如此。最早的时候，这道菜只是单纯地将鸡肉、鸭肉、羊肉、火腿等原料加工后，放在绍兴酒坛中煨制而成，之后改良的一个关键就是加入了以海参为首的多种海鲜，为整道菜增添了独特的厚重风味和口感，尤其是开罐后的香气，有两句诗是这样形容的："坛启荤香飘四邻，佛闻弃禅跳墙来。""佛跳墙"这个名字也就此诞生，成为经典名菜。

不过比起顶级的以鱼翅和燕窝为主的席面，海参全席在档次上还是有差距的。等到了清朝之后，海参的地位又得以提升的一个关键点，大概就是满汉全席。虽然今天一说满汉全席，大家可能想到的是几百道菜的宫廷料理，不过现在的满汉全席名单基本都是后来人根据各种资料想象出来的，而这里面海参之所以频繁出镜，像什么游龙戏凤、乌龙吐珠等一批名字带有“龙”字的菜，来扮演这个龙的角色的也都是海参，很可能的一个原因就是从晚清时期到民国开始，流传出来的御膳资料更多，里面能找到更多有关海参的记载，比如慈禧本人喜欢的“添安”菜，就是在正餐之外额外再摆一桌，吃多少不说，就是要放着显摆，这里面就确实有不少用海参的配菜。

海參三法

海參無味之物沙多氣腥最難討好然天性濃重斷不可以清湯煨也須檢小刺參先泡去沙泥用肉湯滚泡三次然後以雞肉兩汁紅煨極爛輔佐則用香蕈木耳以其色黑相似也大抵明日請客則先一日要煨海參才爛常見錢觀察家夏日用芥末雞汁拌冷海參絲甚佳或切小碎丁用笋丁香蕈丁入雞湯煨作羹蔣侍郎家用豆腐皮雞腿蘑菇煨海參亦佳

[清]袁枚著《随园食单》书影

由明至清，再到民国，一直延续到现代，在这几百年时间里，由于各种机缘巧合，海参终于把自己的位置成功摆放到了“八珍”

之列。说起这八珍，其实并没有什么固定说法，不同时代有不同版本，清朝的一个八珍版本就是参翅八珍，参是海参，翅是鱼翅。这两者也是最常出现在宴席上的代表海产，其他被拿来相提并论的常有鲍鱼、干贝、熊掌、驼峰等等。而到了今天，很多以前的山珍海味要么其原料来源已经成为保护生物，要么因为观念变化而不适合继续当美食，海参就成了这里面少数今天大家仍然可以继续享用的美食，最起码比起古人来，吃到和见到它的机会要多。

前面说过，因为海参的自溶机理，古代除了在海边生活的人，其他地区的人几乎不可能有机会吃到鲜活的海参。不过对很早就开发出“制作干货”这个技能的中国人来说，一旦确定海参有吃头，很快就把它比照其他海鲜处理。和它的那些老朋友鱼翅、鲍鱼一样，海参也因为这道工序而增添了特有的风味，不过这样一来，对于海参的挑选也就成了行家的首道工序。

虽然全世界有几百种海参，但其中绝大多数海参并不适合食用，而能吃的那些一来是分布在浅海，易于捕捞，二来是要尽量个大，起码装到盘子里能看出原形。四舍五入，在现代的养殖技术还未成功之时，古代常吃的海参也就那几种，分布上也是一北一南：北边的是现在的渤海湾一带，主要经济品种有刺参；南边的是两广地区和海南沿海，主要经济品种有乌参、梅花参等。

北边和南边的海参各有各的特点，吃货们肯定各有见解，咱们也不好妄下结论。前期是辽参率先打开市场，确定了自己作为高档货的地位，按照当时的评价是“以产奉天者为最，色黑多刺，名辽参，俗称红旗参”，认为浙江宁波有瓜皮参，福建有光参，广东有广参，但品质都不能与北方的刺参相提并论。《红楼梦》里写贾府收到的年货礼物中有“海参五十斤”，与熊掌、鹿筋这些并列，显然也是同来自关外的辽参。

但随着市场上对海参的需求量不断增加，辽参的一个弱点不可避免地暴露出来，就是产量问题。温带生物的生长速度总归是缓慢的，何况每年冬天还有几个月的冰封期，野生的刺参起码要生长五六年，才能达到食用程度。于是在地理位置上更具优势、范围更大、成长更快的一批热带海参开始与辽参分庭抗礼，尤其在个头这一点上，乌参这种最大能有半米长的大家伙就更受青睐。很多当时的菜谱也提到有些菜或许用刺参等味道更好，但比起几十条手指那么长的海参塞满一整盘，还是两三条甚至一整条手臂粗细的大乌参装盘更具有观赏性。

对这一点，梁实秋在他的《雅舍谈吃》里说得相当经典：“红烧大乌上桌，茶房揭开碗盖，赫然两条大乌并排横卧，把盖碗挤得满满的。吃这道菜不能用筷子，要使羹匙，像吃八宝饭似的一匙匙的挑取。碗里没有配料，顶多有三五条冬笋。但是汁浆很浓，里面还羼有虾子。这道菜的妙处，不在味道，而是在对我们触觉的满足。我们品尝美味有时兼顾到触觉。红烧大乌吃在嘴里，有滑软细腻的感觉，不是一味的烂，而是烂中保有一点酥脆的味道。”只看这段描述，仿佛已经能想象出口中的味道和触感了。

南北海参品质之争并非一般吃货关心的问题，大家更多注意的是实际自己能吃到多少。随着海参的地位不断提高，需求增加，价格也飞涨，前面说的那首《天津买海参价忽腾贵》就是一个典型的缩影。北方的海参不够，就到南边去找，到了东南沿海的海参也不能满足需求的时候，市场就把更多目光投向了更远的东南亚和日本等地，而有趣的是，作为一个饮食以海鲜为主的国家，很早以前，日本也对海参有所研究，但他们最后选择了把海参的内脏腌制后当成一道美食，起名叫“海鼠肠”，是日本三大珍味之一，对海参肉反而兴趣不大。

从明朝中后期开始，我国对海参的进口固定规模化，每年有2万～3万担的干海参来填补市场，清朝光绪年间，每年进口海参的价值为50万～60万两白银。即便如此，海参的需求量仍然居高不下。吃海参容易，捞海参难，古代可没有氧气瓶、护目镜、潜水服这一堆专门的装备，人们只能凭借一口气潜下去，在短暂的时间里寻找藏在石缝中的海参，大多时候，忙上一天，收获可能也寥寥无几，全靠经验和运气，干上几年必然还会落下一身病。比起寻找陆地上的人参的难度是半斤八两，于是就和人参有造假的一样，也有人动过造假海参的念头。

假海参的记载在明代一本名为《食物本草》的书里就有。这本书里先是列举了一些当时海参的品种差别，之后话题一转，指出因为海参得来不易，所以市面上有不法之徒造假，而造假是怎么造的呢，就是把马鞭、驴鞭晒干染色。之后还一本正经地解释，虽然看起来像，味道上也有些相似，但两者天差地别，尤其是这冒充的东西对人身体不好，不能贪便宜多吃。

海參 生東南海中。其形如蠶，色黑，身多瘣瘰。一〔三〕種長五六寸者，表裏俱潔，味極鮮美，功擅〔四〕補益，殽品中之最珍貴者也。一種長二三寸〔五〕者，剖開腹內多沙，雖刮剔難盡，味亦差，短命。北人又有以驢皮及驢馬之陰莖贋為此〔六〕，味雖略相同，形帶微扁者是也，固是惡物，□識者不可不知。

【海參】味甘鹹平，無毒。主補元氣，滋益五藏六府，去三〔七〕焦火熱。同鴨肉烹治食之，主勞怯虛損諸疾。同□肉煮食，治肺虛咳嗽。

青蚨 一名蟓蝸。生南海。狀如蟬，其子着木。取以〔八〕塗錢，皆歸本處。《搜

注〔一〕雪蠶 原本殘，據本書體例補。
〔二〕味 原本殘，據同上補。
〔三〕一 原本殘，據文義補。
〔四〕擅 原本殘，據同上補。
〔五〕寸 原本殘，據同上補。
〔六〕此 原本殘，據同上補。
〔七〕三 原本殘，據文義補。
〔八〕取以 原本殘，據《重修政和經史證類備用本草》青蚨條補。

《食物本草》點校本 卷之十一 六九五

[明]姚可成汇辑，达美君、楼绍来点校《食物本草（点校本）》书影

这段记录其实是颇让人想吐槽的，首先见过这两种东西的人都知道，说它们与海参在外表上相像恐怕只能骗骗那些压根没见过海参的人；其次有人居然认为其味道也与海参有些相似，这挺令人怀疑他是不是也没吃过真正好吃的海参；最后如果这段话属实，那间接证明了当时市面上的海参确实价格不菲，因为毕竟用来造假的原材料属于驴也好，属于马也罢，那可都是一次性的，在这种成本本身也不低的情况下，还能考虑拿去冒充海参赚这点差价，大概是当真有赚头吧……

孔子吃过葱烧海参吗?

一口气讲了这么多关于海参在中国古代美食中的演变，我们终于可以回到一开始的话题了。孔子生活在春秋时期，具体一点，是公元前 551 年至公元前 479 年，这距离后世最早关于海参的食用记载也有七八百年，海参完全没有机会成为普遍范围内的美食被推广开来。孔子要吃海参，唯一的可能是他生活在海边，有机会接触到海参。

从地理上看，孔子的老家鲁国，即今天的山东虽然靠海，北边的渤海湾更是海参最早的产地之一，但在孔子的相关记载里，周游列国并无单独提及与海有关的内容，毕竟当时还没有海滨城市这个概念。如果说孔子在他一生里去过海边，恐怕也只可能是短暂观光，而并非长久居住，要吃到海参确实得靠天时、地利、人和。

既然都说到这个份上了，我们索性就再大胆一点，一次性把挂全开了[①]。假设在那个时代真的就有一系列巧合，孔子接触到了

① 即开挂，网络流行语，多用来形容人超常发挥，能力惊人。

海参，并且已经知道它能吃，而且好吃，那么孔子终于能品尝到这道葱烧海参的名菜了吗？答案仍然没有这么简单。跨越时空提前亮相的海参会遭受怎样的命运？看似寻常的葱背后又藏着怎样的历史？孔子这位美食家的头衔到底是否名副其实？

我们假设有一股神秘力量发动，让孔子和海参提前有了接触，但如果就只是这种程度的开挂，想要在当时那个年代，看到葱烧海参这道名菜跨越千年的历史提前诞生，难度还是不小的。

先让我们看看葱烧海参的常见做法，随便从网上搜一个版本——不同版本基本材料和步骤大同小异。葱要用山东章丘的大葱，海参要用肉厚刺多的北方海参。烹制时，先在锅内放少量油，烧热后，加入葱段爆香，将葱段取出来备用；在原锅中加入海参，再加入适量盐、料酒、蚝油、酱油、冰糖、上汤，然后盖上锅盖焖至汁收，加入之前爆香的葱段，淋上葱油，盛入盘中就完成了。

这些文字听起来平常无奇，但在孔子的那个年代，操作起来可以说除了海参外，剩下的每一个都是难点，葱、油、糖、酱油乃至铁锅本身都是大大的问题。

因为构成饮食文化的一切都需要历史的沉淀，制作一道菜所需的原料、调料、餐具乃至烹饪手法，都不是一开始就存在的。回到2000多年前，孔子他老人家所能吃到的食物种类比现在少得可不是一点半点。

以之前提到的“八珍”为例，这个说法最早出现在周朝，指的是天子宴会上的八种顶级美食，但这八种美食是什么呢？根据《周礼》郑玄的注解，有可能是下面这些东西：淳熬（把肉酱浇在米饭上）、淳母[1]（同样是肉酱，浇的是黄米饭）、炮豚（将整头小猪先烧再煮）、炮䍧（和前一种方法类似，只是用小羊代替小猪）、捣珍（将牛、羊、鹿等的里脊肉做成肉泥）、渍（用酒腌制的牛羊肉）、熬（熬制后的肉干）、肝膋（带油烤的狗肝）。

咱们来看这周朝的八珍，“珍”这个字无论如何是谈不上了，翻来覆去都是几种肉变着花样来做，口味也都倾向于浓盐重酱，或许难吃不到哪儿去，但也没有让人一看就想吃的食欲。至于什么山珍海味，当时要么是真没有，要么是不知道，就算把加工好的海参摆在那里，恐怕御厨第一时间想到的做法也是最原始的烤，或者是捣成泥后蘸着调料来吃。

身为当时的上层人士，在肉食方面，好歹还能做到量大管饱，至于蔬菜的品种，任你再有钱有势，能吃到的也就是那几种。看多了穿越作品的观众多少都清楚，很多今天餐桌上常见的配菜，如辣椒、土豆、西红柿、洋葱、大蒜、胡萝卜，这些东西都不是咱们本土的蔬菜，起码要到汉朝之后才陆续引进。在孔子的那个时代，去掉各地的野菜不谈，当时比较普及的家用蔬菜里，最具代表性的是所谓“五菜”。

这五种蔬菜包括：韭，不用多解释，就是韭菜；藿，说的可

① “淳母”疑为“淳毋”之误，有争议。

能是豆苗或者豆叶，现在还常有人吃；薤，现代叫作藠头，也被称为小蒜，最早说起的蒜指的就是它，西汉时引进大蒜后被取代；葵，现代叫作冬葵或者冬寒菜，在古代一度作为少数能在冬季吃到的新鲜蔬菜，被誉为“百菜之主”，但随着更多蔬菜的引入，现在已经淡出了餐桌；以及最后一种大家最熟悉不过的葱。

说到葱，明明孔子生活的时代已经有了葱，为什么前面还说做葱烧海参有难度？答案是此葱或非彼葱，孔子那个年代能吃到的葱，是哪一种葱还不一定，未必就能符合葱烧海参的要求。

中国本土确实是葱的原产地之一，古代也已经把葱列入常见蔬菜里，甚至把一堆气味相似、有辛辣味道的野菜都冠以葱之名，土木水火，春夏秋冬，都当过葱的前缀，多少说明大家对它的关注程度。这当中小葱一早从野生的状态下被驯化，成为广泛分布的家庭蔬菜，之后又有了香葱、绵葱、夏葱等多个俗名，但除了味道不够辛辣之外，大小尺寸上也肯定没法让那些好这口的人满意，“葱段”这个需求得让后来的大葱承担。

至于小葱和大葱的差别，在东汉年间已经明显把这两种植物划分成了不同的品种。不过具体到春秋时期，当时的山东恐怕还没有广泛种植大葱。《管子·戒》中记载，齐桓公上任后的第五年，出兵北伐山戎，从现在的河北省北部带回了冬葱和大豆的新品种，开始在山东境内广泛种植，这个时间距离孔子出生还有100 多年。如果能确认这冬葱就是后来的大葱，那么到了孔子的年代，或许有机会得以赶上大葱蘸酱的进度。但即便如此，今天山东省号称一人来高、和甘蔗一样粗的大葱品种是长期改良后的结果，古代想要在百来年的时间里种出粗细足够的葱段还是颇具难度的。

就算葱段大小这个点可以忽略掉，调料又是一大难关。古代调味除了最基础的盐、醋两样，之后就是以各种酱为主，看看前面的周八珍就明白这对烹饪方式的影响，酱制、腌制以及酒制是主流。秦汉时，现代的酱油有了雏形，正式出现可能至少要在宋朝以后了。糖也是同样的情况，早期的糖多是蜂蜜、甘蔗、麦芽糖这几种，精制后的白糖乃至冰糖也是在宋朝后开始普及，“炒糖色”这个现代烹饪的常见手法在含糖量不高的古代是难以实现的。

还有一个需要解决的问题，就是油。现代常见的几种植物油，如大豆油、花生油、芝麻油等，其原料除了大豆是本土原产的物种，剩下的都是汉代以后才陆续引进，而咱们本土的大豆因为品种和产量问题，早期也主要是直接食用，而不是产油。植物油开始走上餐桌，要等到西汉时期张骞从西域带回来芝麻，这东西出油量大，且色清、味道好，很长一段时间，芝麻香油都是民间高档食用油的代称，一直到近代，才被随着品种改良和技术进步而产生的后来种类所取代。

所以秦汉之前，做菜能吃得上油的富贵人家，也只能吃猪油、牛油、羊尾油这类动物油脂。拿动物油做葱烧海参本身倒是对路，但对应的问题是，你得有一口成色十足的铸铁锅。

连铁锅都没有，那当时的人们做饭用什么？历史告诉我们，春秋战国时期是青铜文化向铁器文化发展的一个重要阶段，铁制的物品在那个年代就有，但远未普及，应用也是会优先考虑兵器或农具，至于做饭烧菜，讲究的有钱人用以鼎为首的一系列青铜器，大众百姓则用瓦罐、陶器凑合，反正只是熬个汤、煮个粥，最后能做熟就行。

青铜也好，陶瓷也罢，在导热、牢固等各方面的性能肯定比铁差了许多，尤其是各种看似花里胡哨的青铜器，中看不中用的很多，对食物的烹饪方式也有着较大影响。一般认为，从宋朝开始中国的饮食文化有着飞速的发展，在经济本身繁荣的前提下，以铁锅为主的厨具被大量应用，调料的品质得以提升，这些都是相继出现，也相互推动的。

在没有铁锅的情况下，炒菜肯定是吃力不讨好，红烧、白灼这些做法也很受限制，难怪当时的菜系会主打煮、熬，甚至烤这种相对更简单原始的烹饪方式。如果孔子最终成功收集到了足够大的葱段和足够新鲜的海参，再交给厨师并向他讲一讲葱烧海参的做法，恐怕厨师仔细想半天之后，还是会面露难色地拒绝道："这烧出来都煳了，也不好吃啊，要不您还是凑合一下，咱们干脆吃烤海参配葱蘸酱，或者用葱和海参一起熬粥。"

既然到了这个地步，只好继续开挂，什么调料、餐具这些东西，我们全包了，现场就把一份正经八百的葱烧海参隔空传送过去直接放在孔子他老人家面前，他吃过之后，会点个赞并发篇文章吹嘘一下吗？这东西到底符不符合他身为一个美食家的喜好？

其实说到底，孔子是一位美食家这个说法，多少只是来自后人的联想。凭借“食不厌精，脍不厌细”这八个言简意赅的字孔子被算在美食家之列，这更像是出于现代人视角里的反差，这位儒家的老夫子还有这样讲究甚至挑剔的一面，吃米要吃精米，吃肉要切细丝，让同为吃货的大家有了几分亲切感，而“不撤姜食”这一句更是被很多人认定，孔子对姜有特别的喜好，以至于每次吃饭都得就姜，果然不愧是山东老乡……

不过和苏轼、袁枚这些留下一堆菜谱的专业美食家相比，孔子和食物的相关言论除了上面那几句之外，大部分还是谈论用餐本身的礼仪问题，“食不厌精，脍不厌细”这话的后面就是一堆“不食”：粮食霉烂发臭，鱼和肉腐烂，不能吃；食物颜色难看，不能吃；气味难闻，不吃；烹饪不当，不吃；不到该当吃食的时候，不吃；不是按一定方法切割的肉，不吃；没有合适的调味酱料，不吃。

考虑到古代的卫生条件，以及食材鲜度，这一堆这个不吃、那个不吃的背后可能也有安全的因素存在，但孔子之所以强调这些，显然是借此来谈他心中的礼法。“食不语”是礼，“不多食”是礼，弟子入门要交十条干肉当学费，同样也是礼，至于什么时候吃什么样的东西，什么身份的人拿什么来吃，都在考虑范围内。

于是当你把一大盘上好的葱烧海参放在孔子他老人家面前时，按照他给自己定下的标准，首要的问题不是好不好吃，而是合不合礼。材料新鲜这点我们可以保证，可以吃；想来气味至少不会引起反感，可以吃；尤其在卖相上，葱烧海参色泽明亮，摆盘规矩，想来更加符合孔子的审美标准；大葱这种和姜多少也算得上远房亲戚的，身为山东人的孔子吃起来应该更无心理障碍。

最后的关键还是落到了海参身上，尽管我们已经提前替孔子凭空接触了海参，让他确定这是一样能吃的东西，但什么季节算是吃海参的适宜季节，对应的酱料又应该配什么？解决一个问题的同时又诞生出了更多的问题。

虽然没法知道孔子对海鲜是什么看法，但四舍五入，我们就拿他对鱼的态度来推演一下。从前面那段话里能看出来，当时鱼类被用来食用已经很寻常，《诗经》里就有大量用来描述不同种类的鱼的单字，鲤鱼、鲫鱼、鳊鱼、鲇鱼等分布在黄河流域的淡水鱼类和现在差不多，都是餐桌上的常客，但南方分布在长江流域的特定种类，以及更多的海鱼，则肯定没法在内地见到，也不会作为一类食材单独有相关习俗和规矩。

而在当时的社会条件下，肉也好，鱼也罢，能够大量食用除了要有财富，更要有对应的身份和地位。“诸侯无故不杀牛，大夫无故不杀羊，士无故不杀犬豕，庶人无故不食珍”，简单来说，就是不管啥人吃啥，总得找个合适的理由，如祭祀祖先、庆祝生日、红白法事，最不济也得是个“有朋自远方来”，大家乐上一乐。

在当时，孔子虽然不会像后来一样，被人奉为至圣先师，但生平混得最好的时候，担任过鲁国的大司寇，换作现在，起码是部长级别，吃一整份的牛羊肉绰绰有余。而像那种一整只大鼎熬好的甲鱼汤，被当时视为珍味的高级货，他若在场，也肯定是有资格分上一碗羹的，只可惜没有流传下来的文字可以证明孔子除了“不知肉味”外，对尝过的其他食物有过什么发自内心的喜爱，认定其好吃。

于是根据这些杂七杂八的知识总结下来，要让孔子吃上一口葱烧海参，又符合他的礼法标准，就得给予这海参一个适当的评价。倘若是按照最初的俗名“土肉”这么介绍，孔子他老人家多半先要面色一凝，质疑这东西鱼不是鱼，肉不是肉，更不在马、牛、羊、鸡、狗、猪这六种牲畜范围内，名不正，言不顺，怎么能够入口呢，赶紧撤下去。

在干贝、鲍鱼尚且没啥戏份的年代，解释海参这东西到底是啥委实不容易。你说它是棘皮动物，这四个字到民国时期才翻译过来；你说它的同类是海胆、海星，这俩的卖相比起海参来是半斤八两；如果含糊其词，表示这东西算是虫子，还不如说它是土肉好听些。毕竟人参也是在汉代以后才开始广泛入药，这时候说出“参”这个字来宣传效果，只能是更令人不知所云。

而倘若宣传硬是有了效果，提前把海参吹嘘到这时代不应该有，后来才有的八珍位置，只怕又会是另一种情况。既然它是这么珍贵的东西，足以献给天子摆宴，怎么能随便吃呢？得沐浴更衣，选个良辰吉日，找来合适人选，大家一起把整套仪式演完，载歌载舞，让孔子他老人家听得既起了兴致，又不至于到“三月不知肉味”的地步，这才能每人分上一条。至于不够吃的，是横着切开分还是竖着切开分，切到什么程度才不至于“割不正”，这种细节只能交给当事人来办，唯一可以确定的是折腾下来，葱烧海参菜也凉了，汁也干了，还不如煮上一大鼎海参羹来得美味。

这也不食，那也不食，看来要想让孔子吃上这道葱烧海参，我们只能参考他自身的经历，选择天时地利人和，比如挑上孔子“在陈绝粮”的那段时间：根据《孔子家语・在厄》的记述，历史上孔子周游列国的时候，曾经被当时的陈国和蔡国联合困在陈国——因为害怕孔子去邻国楚国后给他们带来麻烦——时间长达七天之久，以至于孔子这一行人都没东西吃而饿得病倒了。这时候，如果你能托人送上几担干海参表示这东西营养丰富、滋味鲜美，吃下去至少可以解燃眉之急，再附赠全套菜谱，就算孔子自己要面子，但看在同行弟子的分上，也不好拒绝，到时候大家一起吃个开心，饿了几天后想必这葱烧海参的味道也会好上不少。

再不然，我们还可以从孔子身边的人着手，比如在相关故事里看起来都很好说话的子路小哥——身为孔子身边性格最直爽、战斗力最强的弟子，子路一向心直口快，即便是和自己的老师意见不同，他也会据理力争，但认识到自己的错误后，他又会立刻承认，而且尊老爱幼。

语文选修课本上节选的《子路从而后》就是一个最好的例子。面对一个开口批评自己“四体不勤，五谷不分”的老人，子路认为对方说得有道理，就诚恳地接受教训，还把这件事讲述给孔子听。所以我们只需要依样画葫芦，让一位看上去德高望重的老人在子路落单问路的时候先是教训他，“棘皮动物和脊索动物的区别都不知道，谁认识你的老师？”，然后再请他到家里做客，用葱烧海参招待他之后，再等其转告孔子，孔子听过后必然认为这是一位隐士，连带会对葱烧海参这道菜产生兴趣。身边的人就此把这件事记录在《论语》中，后人考证中国古代吃海参的历史提前七八百年……

到此为止，这场跨越时空的关于孔子和葱烧海参的幻想也该落下帷幕了。虽然我们无从得知孔子到底有没有机会吃到海参，不过在孔子的后人里，确实有人研究出了一道关于海参的名菜——竹影海参，将鸡脯肉剁成肉泥，然后将其制成竹节形并塞入海参，数次浇汤后完成。在孔府菜谱里也有不止一道海参名菜，美食与名人，横跨数千年时光，从古至今，总有些东西始终在我们的文化中传承，具备着鲜活的生命力。

第二章

庄子吃过铁锅炖大鱼吗？

有小伙伴曾问我，你说庄子吃过铁锅炖大鱼没有？

这个问题假如有机会问庄子本人，得到的答复大概率应该是“不记得”或“吃没吃都无所谓”吧，搞不好还会借题发挥，写一篇小作文来暗讽你五味浊口，沉湎物欲。

在诸子百家的列位圣贤当中，庄子大概是最不会被食物所引诱的一个贤者。他既不像孔圣人对美食烹饪程序那般“原教旨主义”，也没有像墨家那样刻意选择近于苦行的粗粝饮食。因为他是无所谓的，吃什么都可以。按照他的看法，精神上的自由和富足才是人生的最高境界，吃饱相对来说只有比较低等的价值。

不仅如此，庄子甚至对“好吃”这一概念提出过疑问。他曾为此提出灵魂质问：人爱吃禽畜，麋鹿爱吃草，蜈蚣爱吃蛇，猫头鹰和乌鸦爱吃老鼠，所以你说说看，这几种动物中究竟谁才懂得真正的美味呢？这个“好吃”要怎么定义？况且，过分丰腴的食物还会使人的口味败坏，失去“和”之境界，进而丧失人的本性。

总而言之，庄子比较提倡简单纯朴的生活。从《逍遥游》中可以看出，庄子非常崇尚仙人们不食五谷，吸风饮露式的养生大法。只可惜在人间，辟谷食气大法并不好使。因为不事生产，庄子经常有穷得揭不开锅的时候。有一次，他饮用西北风过量，饿得半死，跑去向地方官借粮，对方说："借粮当然没问题，不过等我先收了赋税，就有钱粮借你啦，猴（好）不猴（好）啊？"庄子内心万马奔腾，但还是强忍怒气，当场说了一个段子：

> 我昨天来时，半路上看到一条鲫鱼（鲫鱼就是鲋）在一汪马车碾过的小水沟里扑腾，好像快要死了。我正寻思把它捞走烤了吃，这时，它突然开口对我说话了！它说自己是东海水族的臣民，求我给它一口水渡过难关。我一看兹事体大，就跟它说："你等等，我这就南下，去面奏吴越之王，叫他们引滔滔西江之水来救你！"没想到鲫鱼一听，居然骂人了，它说："我谢谢你啊！你不如明天直接来干鱼市场找我吧！"

这就是庄子给我们留下的"涸辙之鲋"的小典故，也是他骂人不带脏字的一贯"毒舌"风格。此后，他大概认识到"含哺而熙（嬉），鼓腹而游"才是身为人类应该追求的理想状态，中国人始终离不开碳水，不能光靠喝西北风活着。

所以如果庄子再次遭遇"涸辙之鲋"的窘境，这时给他端上铁锅炖大鱼，他大概率是会吃的。

那么与此同时也会遇到另一个问题，他吃不吃得起呢？

庄子吃得起铁锅炖大鱼吗？

说到庄子，这个人很有意思，他身上有很多可爱的标签：他是战国著名的“毒舌家”、神奇的动物学者，一个有“东方伊索”之称的段子手，还是一个中华成语的专利大户，同时也是古代非暴力不合作运动的领军人物。

但唯独就是没有跟“钱”字沾边的标签。

在先秦诸子中，应该说绝大多数“子”的物质条件都还可以，毕竟这些人的身份多为“士”。就拿孔子来说，他在鲁国担任司寇时，“奉粟六万”（粟就是粟谷，未脱壳的小米），这就是孔子的年薪。不过《史记》的可恨之处在于，它没交代最重要的指标——这个“六万”的具体单位是什么？对此众说纷纭，有人说是“斗”，有人说是“釜”（一釜为六斗四升），有人说是“钟”（一钟为六斛四斗），还有人说是“小斗”。张守节在《史记正义》中注解说：“六万小斗，计当今二千石也。周之斗升斤两皆用小也。”但张守节是唐代人，与战国时代隔了近千年，搞不清楚中间计量单位的变化，所以说法也未必准确。

那么假设“奉粟六万”采用目前较为保守的单位“小斗”，也能得出有二十四万斤粟谷的结论。对于当时的三口之家，按每天消耗九斤粮食计算，一年也就三千多斤顶天，这样来看，让他养活一个大家族应该是绰绰有余的。一斤粟谷大约能打出七两小米，而一斤小米当下的市价是6元左右，那么这个年薪金额大约为100万元，典型的高薪——这只是孔子一年的基本工资，还没有计算平日里主君给予他的各种赏赐加福利。

关于这个计量单位问题，少说能写十篇论文，我们就不过多纠结了。但不管它的单位是什么，孔子的年薪收入也只是很多、超级多和多到离谱的区别而已。除此之外，孔子尚有弟子三千，每人学费仅收十条干肉，这就是三万条干肉——在春秋战国时期，这可是实打实的硬通货、奢侈品啊！更不用说孔子身边还有一个被后世尊为“儒商之祖”的子贡，作为他的弟子兼首席理财顾问……所以即便不敢说孔子百分之百财务自由，但起码他不缺钱，君子固穷，然而他并不穷！这样一个人，当然有资格“食不厌精，脍不厌细”，也有“割不正，不食”的底气。

春秋战国时期，各个诸侯国的人才储备竞争极其激烈，有太多一个人才在改变一个国家的同时也实现自身阶级跃迁的励志案例。对有才华、有想法的人而言，春秋战国是一个非常友好的时代。由于学问容易变现，所以很多学霸大佬著书立说，周游列国——其中包括荀子，他都已经七老八十了，还不肯退休，不断奔波于周游列国的道路上，其实说到底都是为了做官。当然这也很符合我们现代人的生活态度，只有保证了基本的物质条件，才有时间更好地搞学问嘛。

而庄子呢？现在我们说回这位真正实践了“君子固穷”的人。

庄子一生未做官，对齐家治国平天下也无甚兴趣。即使有人慕名而来，许他高官厚禄请他出山，结果也是被他用各种阴阳怪气的小故事打发了。譬如有一次，楚威王听说庄子是个大贤人（也不排除是将闲人错听成了贤人），便盛情邀请他来做楚国宰相，而庄子呢，也没直说老子不干，他对来访的楚国大夫说：“听说你们楚国有只神龟，已经死了3000年了。楚王用最名贵的器物把它的龟甲装饰好，珍藏于庙堂之上。你们说，这只龟是更乐意死掉留下龟壳以显示其尊贵地位呢，还是宁愿活着在泥浆里摇着尾巴爬来爬去？”大夫说：“啊，这龟当然是宁愿活着扒拉泥浆了。”庄子说：“这不就得了！我就是那个喜欢在泥浆里摇着尾巴乱爬的龟呀。”

大夫们竟无言以对，便走了。

楚王还不死心，后来又派人三顾茅庐，还给庄子送去大量黄金珍宝。于是庄子又当场编了一个小段子：

你们知道天子在祭祀天地鬼神时所用的牺牛吗？这些牛过得好不好？非常好。被好吃好喝伺候了很多年，还被披上华丽的彩绸，但结果呢？竟是被当作祭品宰杀送入太庙。那我宁愿当一头小猪，在脏污的沟渠里自由自在地扑腾，也不愿每天去朝堂打卡上班。总之，我是不可能打工的，我一辈子都不会做官，这会让我不自由、不开心。所以别来烦我了！

楚王热脸蛋贴上庄子冷屁股的传闻很快上了战国热搜，于是后来也就没人再自取其辱请他出山做官了。

你看，别人当隐士，好歹是自比管仲、乐毅，庄子自比什么呢？不是在泥浆里摇着尾巴乱爬的龟，就是在脏污的沟渠里自由自在扑腾的猪。总之，突出一个又臭又硬，关我什么事，压根没想过怎么当官、怎么创造财富。所以，尽管庄子是全国闻名的“故事大王”，但在那个出版和知识产权机制都不完善的时代，想靠版税收入在下半辈子“躺平”很不现实。

在彻底变成“躺平一族”之前，庄子在蒙地做过几年基层公务员——漆园吏，一个漆器作坊的小办事员。但很快，他连这份工作也没了。试想一下，像庄子这种既没有多少实际办事能力，脾气还特别臭的“杠精”型人物（穷其一生与人舌战而未尝一败），哪个上级领导会喜欢让他留在身边呢？还有人考证推断，庄子有可能是楚庄王的后人，至于他为何会出现在宋国，则很可能是因为“吴起事件”。

吴起是与孙武齐名的兵家代表人物，被誉为兵家“亚圣”。吴起人生最后的时光是在楚国实行变法，旨在强国——当时如果他真的成功了，那么后面大概也就没秦国什么事了，只可惜他缺了一个秦孝公。变法进行未过半，支持吴起变法的大老板楚悼王去世，被变法触及利益的楚国旧贵族们立刻疯狂反扑，变法失败。吴起被旧贵族们群起追杀，他自知必死，一路逃到楚悼王的灵堂前，抚尸大哭。楚国旧贵族们杀吴起心切，一通乱射不仅干掉了吴起，也把楚悼王的尸体射成了刺猬——楚国法律规定：伤害君王遗体乃是被诛三族的重罪。这也是吴起最后的兵法：拉上残害自己的阶级敌人陪葬。因为此事受牵连而被灭族的楚国旧贵族达七十余家。这其中很可能就有庄子的先人，他们被迫远走他乡逃避灾祸。

于是有人考证庄子是楚庄王之后——这多少解释了庄子何以具备那些广博的杂学知识和犀利的谏诤能力，以及楚王为何三番五次想要招徕他。而一人之下万人之上的吴起的下场，似乎也正好解释了庄子为什么如此抗拒去楚国做官：表面大富大贵，最后还不是变成牺牲品？那我可不干。

但不管怎样，遗憾的是，没有任何迹象显示庄子这一代还蒙受祖上福荫，让他还有一点可以挥霍的家底。庄子终其一生都是一介布衣，即便是觐见国家领导，他也是身穿麻布衣裳加自编破草鞋的行头。

安于贫困，居于陋巷，一箪食，一瓢饮。说起来，他的这种生活态度和财务状况都非常类似孔子最爱的学生颜回。唯一不同的是，他并没有一个桃李满天下的老师以及一群“土豪”师兄弟，这么一个无外挂版的颜回，能否吃得上炖鱼这种典型的东周贵族菜就有点存疑了。

说回铁锅炖大鱼——炖大鱼，有没有铁锅咱们另说，配料葱、姜、蒜、干辣椒里面也就勉强有姜，但是，单论这道菜的早期版本，其实早在周代已经有了，叫作“濡鱼”。当时的做法讲究原汁炖煮（当然用的是青铜器），并且要在鱼腹中塞入辛辣去腥的蓼实作为调料，再加入鱼子酱（卵酱）一同烧制，确实和今天东北的铁锅炖大鱼差不多。但这道菜并非寻常百姓能够接触到，而是只有国家领导人级别才有资格享用的顶级美食之一。

先秦两汉时期的鱼有多金贵

东周时期，由于打鱼手段和养殖技术不是很发达，而储存条件又极为苛刻，没有冷链运输，鱼本身就是比较珍贵的东西（尤其是在内陆地区）。除了那些靠河吃河、靠海吃海的少数人另当别论，一般人日常想吃个鱼尤其是鲜鱼，基本上是非常难的。

您别不信，《孔子家语·本姓解》里记载了这么一件事：鲁国国君听说孔子的儿子出生了，大喜，特地送给孔子一条鲤鱼作为贺礼。而孔子呢，为了感激大王赐他的鲤鱼，也为了纪念这件无比光荣的事情，于是就为新生儿取名“鲤”——孔鲤，字伯鱼。

不妨想一想，一国之君，赠送给一国国宝级名人的长子的诞生礼是一条鱼，您不会觉得寒碜吗？除非怎样？——除非它并不是如今鱼摊上 10 元一条的价格，而是孟子口中“鱼，我所欲也；熊掌，亦我所欲也”里和“熊掌”难以取舍、有着近似价值的高级食品。再说，如果它不是高贵且意义非凡的东西，身为中国屈指可数的头部文化人，试问您有勇气给自家孩子取名叫张鲫鱼或王鳜鱼吗？

在春秋战国时期，谁能够吃到一条鱼，就充分说明此人在物质条件上已经脱离了基层群众，达到了一定的社会等级。没有什么身份的人，平时是吃不到鱼的。

譬如，作为“战国四公子”之首的孟尝君田文，以广纳门客、礼贤下士而闻名于世。他的门客多达三千人，其中有一个门客叫冯驩，这是一个没有任何背景，仅凭一己之力同时留名《战国策》和《史记》的野生牛人。

初投孟尝君的冯驩一穷二白，除了一把剑，身无长物，看似啥也不会，孟尝君就给他吃没有鱼的普通门客套餐。这下冯驩不乐意了，自称一无所长的他立刻弹着自己的长剑来了一曲即兴Hip-Hop（嘻哈音乐）：“食无鱼呀食无鱼，长剑长剑咱这就回家去！”“按闹分配”，古来有之，爱面子的孟尝君听到后怕对自己的人设产生负面影响，连忙赶来说：“好了，好了，别唱了，给你吃鱼还不行吗？”于是就把冯驩的工作餐升级为有鱼可吃的优质套餐。殊不知，这个冯驩是一位侯嬴之于信陵君式的大贤，在他每一个看似得寸进尺、肆意妄为的行为背后，都有大鸡贼、大谋划作为支撑。

“狡兔三窟”这个“老谋深算”的成语，就是从冯驩嘴里诞生的生存战略。

然而，“食有鱼”的幸福生活没过多久，孟尝君就失势了。平日里好吃好喝供着的三千门客一哄而散，只有这个冯驩对他不离不弃。并且，在冯骥的积极活动下（又顺便创造一堆名留青史的中华成语），孟尝君漂亮地完成了翻盘，进而满血复活。此后，孟尝君担任齐相的数十年间，没有任何意外灾祸，这都得益于冯骥的谋略。

可以说，是一条鱼拯救了孟尝君的政治生命。对平素吃不起鱼的冯骥来说，这条鱼有多重要呢？

有鱼跟没鱼，就是一个“国士无双”的差别。

战国时期的一条鱼，具体能值多少钱？由于时代久远、货币与计量单位的变化以及物价波动等原因，要准确考证当时某种鱼价并换算为当今的货币，是一项复杂而专业的任务。不过，从以上那些故事中对鱼的定位和描述来看，足可窥见一斑。

有时，鱼不单单是物以稀为贵，还要考虑到其他一些意想不到的成本上升所带来的溢价。

《三国演义》里有个跑龙套的叫薛综，没错就是“舌战群儒”节目的4号选手——被武侯以“无父无君”等喷到无地自容的薛综薛敬文先生。在正史中，薛综其人并非如此不堪，而是一位非常有才能的吴国重臣。薛综曾向吴主吐槽过一则鱼事，他说“会稽”这个地方，税务部门是不是有点离谱？你卖一条黄鱼，就要课你一斛稻米作为商品税，还给不给人活了？

东汉的会稽差不多相当于今天的浙江绍兴一带，是正儿八经的鱼米之乡，并不缺鱼。此外薛综口中的黄鱼也有可能不是我们今天常说的大、小黄鱼，或为更大的鳣鱼（江东呼为黄鱼）。然而不管什么鱼，被重税这么一搞，又多出一斛稻米的成本，试问这条鱼最终定价该是多少呢？而远在北方，嗜鱼如命的曹丞相，进口这条鱼要耗费多少国帑？虽然《魏武四时食制》里只说了鱼如何如何好吃，没有写价格，但可以肯定是让平民阶层望而却步的吧。

鱼价居高不下固然与古代渔业和冷链物流水平有关，但还有一个非常重要的原因，那就是中国古代严格限制民间的水产养殖。

与制盐、酿酒一样，渔业在封建社会早期也是国家级垄断行业。大量水产资源在领主的控制之下，所有养殖捕捞行为必须在官方的许可和引导下进行。一方面，稀缺资源（哪怕是人为的稀缺）是变现的重要途径，必须牢牢把握；另一方面，要严格贯彻森严的等级制度——什么档次的草民，能跟贵族吃一样的？平民若是动了贵族家的鱼，面临的刑罚与劳役条目绝对量大管饱。

中国关于人工水产养殖的历史记录相当早，殷墟出土的甲骨卜辞中，有“贞，其雨，在圃渔”的记录，显然在商代，人们已经开始利用自然环境圈出园圃进行人工养鱼了，联系到商王种种以逸乐为目的的田猎或炸鱼活动，酒池肉（鱼？）林的传说并非空穴来风。到了周代，池塘养鱼技术已经较为成熟，《诗经》中记载周文王为祭祀而建造了一座灵台，台下挖一池，叫作灵沼，沼中蓄水养鱼。这被视为周代渔业已进化到人工池塘养殖的证据。（经始灵台，经之营之。……王在灵沼，於牣鱼跃。）

但不得不吐槽的是，由于缺乏劳动人民的集体智慧，官方养鱼的效果也不见得好，早先的田园养殖方式就让人十分着急：人们将在天然水域中捉来的鱼，不管是大鱼、小鱼还是虾米，一股脑地混养在一个封闭的池子里。这与其说是养鱼，不如说是养蛊。鱼通常会越养越少，最后活下来的鱼可能是最能打、最能吃的，但未必是最好吃的。

万幸的是，他们在“养蛊”的过程中偶然发现，有一种鱼不仅味道好（在当时而言）、生存能力强、生长速度快，而且还能在池子中产卵，自行繁殖下一代！这么善解人意的鱼，不妨多养点呗！

嗯，既然是我们自己园子里养的鱼，不如就叫它鲤鱼吧。

“鲤”由“鱼”和“里”组成，“里”是居住地的意思，“鲤”即在家园养殖的鱼。于是从那时起，就出现了养殖单一品种的养鲤业。

被尊称为陶朱公的范蠡白手起家，帮越王成就霸业，功成身退躲过屠刀，经商成为中国首富，仗义疏财受万民敬仰，传说还带走了西施……其人生经历集最成功、最精彩的事于一身，让他看上去像个网文穿越主角。这个传奇人物，与齐王有一段关于怎么搞钱的对话。

当时齐王看到范蠡富可敌国，便很好奇："您的身家超过亿万，顶得上我们齐国的千家万户了吧，您到底是用了什么魔法呀？"

范蠡回答："发家致富很简单，我有五种法门，其中排行第一的就是开挖鱼池，搞水产养殖（水畜）。"

范蠡依托齐国陶地的水生资源，短短几年就成为天下巨富。有趣的是，如今作为GDP支柱之一的房地产业，只能排在范蠡五大生财之道的末位——不难想象，在那时养鱼到底有多赚钱。因此，中国民间才有"养鱼种竹千倍利"的谚语。

先富带动后富，范蠡倒是没有藏私，他为后世留下了一本《养鱼经》（关于这本书是否为范蠡本人所著，虽有争议，但不重要），其中详细记载了养鲤鱼的诀窍，从建池选种到交配繁殖，从制作鱼巢到成本收益核算方法，堪称世界上第一部养鱼的专著。依据这本教程，汉代的养鲤业已经颇具规模，并且迅速影响到世界各地的水产养殖业，令鲤鱼一度成为全球最广泛的淡水养殖鱼类。与此同时，历朝历代也专门开设了处理渔事的公务岗位，叫作"校人"，这些人就专门负责"水畜"，定期为上层人士提供鲜活的水产。但遗憾的是，民间养殖依旧没有放开。对老百姓来说，鱼依旧是奢侈的食材。

鱼，大家终于吃得起了

直到唐代时，情况才有了改变。

唐代发生了一件很奇葩的事情：养殖历史悠久、大伙喜闻乐见的鲤鱼，突然不能吃了。

因为政府颁布了一条“禁鲤令”。

唐朝皇帝姓李，“李”与“鲤”谐声，因此代入可得，吃鲤鱼等于吃李家天下。不要笑，你吃一条鱼，判个三年起步或最高死刑可能有些夸张了，但最低挨个六十大板，打个半死是没跑的。[①]

而且，“李”也不是随便能叫的，所以鲤鱼在唐朝也被迫改名，得尊称它赤鯶公，地位崇高。

李唐王朝为了宣扬君权神授，一不做，二不休，强行宣称自己是老子李耳的后代，在抬高道教的同时，也神化了鲤鱼。鲤鱼成了“鱼之主”，“能神变”，将它与龙相提并论。一时间，什么响亮的彩头和美好的寓意，一股脑全往鲤鱼身上贴。鲤鱼化龙、乘

---

① 唐代《酉阳杂俎》中记载：“国朝律，取得鲤鱼即宜放，仍不得吃，号赤鯶公，卖者杖六十，言鲤为李也。”

鲤成仙、鲤鱼报恩等历史典故和传说蜂拥而来。另外，在当时大放异彩的唐诗中，也经常能看到对鲤鱼的歌颂和描绘，其中章孝标的《鲤鱼》对李家和鲤鱼极尽能事地美化和拍马屁："眼似真珠鳞似金，时时动浪出还沉。河中得上龙门去，不叹江湖岁月深。"

还有杜甫的"众鱼常才尽却弃，赤鲤腾出如有神"，李白的"赤鲤涌琴高，白龟道冯夷"……

《全唐诗》中与鱼有关的诗有2000余首，其中与鲤鱼有关的有100余首，大多是象征祥瑞吉利的。不过，里面也有不怕死的，此人名叫白居易。他的《舟行（江州路上作）》写道："船头有行灶，炊稻烹红鲤。饱食起婆娑，盥漱秋江水。"——大概是老白刚刚被贬江州，心里有怨气。

唐高宗时期，鲤鱼已经完全上升到了图腾崇拜的程度。五品以上的官员必须佩戴鱼符、鱼袋，谓之佩鱼，并用作皇帝召见或引见进宫的凭证，且用以辨尊卑、明贵贱。后来，连从汉代一直延续的兵符——"虎符"都被改为更祥瑞的鱼形，此时的鲤鱼俨然是大唐"国鱼"了，成为无比尊贵和吉祥的象征，并极大地影响了后世的东方民俗文化。

不吃鲤鱼以后，人们发现，某些红鲤鱼、金鲤鱼杂交养肥后，居然挺好看，现在的锦鲤就是这么来的。后来，这玩意传到了日本皇宫，一夜之间又变成了身价过亿的观赏鱼类……当然，这又是另外一个故事了。

对嗜鱼之人而言，唐代这个禁鲤令听上去简直是灭顶之灾。但事实恰恰相反，人天性嘴馋，总要吃鱼，国家不让吃鲤鱼，那总要给点“利好”——不如，就全面放开私人养殖吧！

这一放开不打紧，被压抑了千年之久的中国民间渔业，立刻展开了全国范围的报复性养殖！

与此同时，聪明的中国吃货们也迅速从鲤鱼之外的鱼里千挑万选出了四种既容易养殖，味道还完全不亚于鲤鱼的鱼种，这就是中国初代的“家鱼四大天王”。它们分别是青鱼、草鱼、鲢鱼、鳙鱼（胖头鱼），严格来说，虽然这些鱼依然属于“鲤科生”，但它们已经不在禁鲤令的保护范围里了。

唐代内陆地区的漕运水平和淡水养殖技术与春秋战国时期相比可谓一日千里，已经可以实现非沿海地区的高效率鱼塘养殖以及与之匹配的发达物流。有兴趣的读者可以从《长安的荔枝》这本书中了解一下当时是如何在距离长安五千余里的岭南为“三日味变”的荔枝保鲜运输的故事。不过这样一来，鲜鱼价格在唐代与其说逐渐“亲民化”，不如说直接从神坛跳进了深渊。

据史书记载，唐高宗时期，由于人们疯狂养鱼，鱼资源越来越丰富，负责为宫廷养鱼的膳食官员“校人”已经懒得自己养鱼了，他们使用国帑，直接向关中地区浐河、渭河的养鱼大户统一采购当日鲜鱼，一斤不满 20 钱。这应该是有史以来最低贱的鲜鱼价格纪录，恐怕至今也难以被打破。

毫无疑问的是，唐代的海鲜水产已经极其盛行，是寻常百姓也可轻易消费的美食了。而到了宋朝的时候，中国民间的鱼类消费迎来了前所未有的高潮。

北宋东京（今河南开封）的鱼市极其繁荣，《东京梦华录》中记载，当时的鱼行："卖生鱼则用浅抱桶，以柳叶间串，清水中浸，或循街出卖。每日早惟新郑门、西水门、万胜门，如此生鱼有数千檐入门。"我们不妨做一个粗糙的假设，这里每担鱼净重 60 斤，北宋时期一斤为 625 ～ 680 克，若按 5000 担估算，东京城每日鱼类消费量为 188 ～ 204 吨，而东京当时的人口超 100 万，估算下来，每人日均吃鱼约 196 克，每年吃鱼约 72 公斤——即便我们高估了，再打个对折，在当时也是个相当不得了的数字。要知道，2022 年，联合国粮食及农业组织发布的《世界渔业和水产养殖状况》报告指出，2020 年全球人均鱼类消费量也才 20.2 公斤，而在我国的产鱼大省——江苏省，人均鱼类消费量每年也不过 60 公斤。

与此同时，北宋皇族对吃鱼的热爱（"上好食糟淮白鱼"）也极大地促进了东京的物流水平，各种自然河道和人工运河以东京为中心，组成了四通八达的漕运网，神州各地甚至是沿海地区的水产都可以通过漕运轻易供应京城，并且已经出现了接近完善的冷链技术，据《吴郡志》记载："二十年来，沿海大家始藏冰，悉以冰养，鱼遂不败。"而《东京梦华录》中也记载了当时人们喂小猫的食物都是小鱼，足见东京渔业资源已经丰富到何种程度。

庄子能吃到哪些鱼？

前面提到的鲤鱼自不用说，在古代文献里记载的可食用鱼类还是非常丰富的，不用多说，像《诗经》等古籍里出现过的鱼，其中就有很多我们今天仍在吃的鱼。只不过，它们当时的名字和我们现在熟知的不太一样，具体如下：

鲂（鳊鱼）

鳟（鲶鱼）

鲦（小鲟鱼）

鲿（黄辣丁）

鲒（大蛤）

鳙（花鲢）

鳖（白鳖豚）

鳏（鳡鱼）

鳢（黑鱼）

鲦（蓝刀鱼）

鰋（鲇鱼）

鲟（鲢鱼）

鲨（沙鰛）

鳛（泥鳅）

鳝（鲥鱼）

鲱（江豚）

鲩（草鱼）

鲵（小乌鳢）

鳠（江鼠）

鰝（大虾）

鮤（刀鱼）

鲂（鰕虎鱼）

鲚（鳑鲏）

鲴（白鲦鱼）

鲐（青花鱼）

鲔（鲟鱼）

鳣（鲟鳇鱼）

鲘（黄鱼）

由此可见，在庄子的那个时代，能吃到的鱼并不比今天的差。

如《尔雅》中出现的鮂，也就是俗称的白鲦鱼，如今也依然活跃在中国的江河湖泊。梁山好汉张顺诨名“浪里白条”，说的其实就是白鲦鱼。这种鱼通身银白，喜欢在水面附近游动，阳光一照就像跳动的银片一样，非常好看，而且它个头也小，一般只长得比成人手掌（15～20厘米）略长一些，重量一斤不到。白鲦鱼性子灵巧贪吃，所以钓鱼人特别烦它，一旦碰上它，鱼饵都被吃完了也钓不上来什么大鱼。有的奸商会拿白鲦鱼冒充价格更贵的红鳍鲌，红鳍鲌俗名叫翘嘴鱼，性情凶猛，滋味鲜美，自古以来就是“盘中贵族”。这两种鱼的外形确实有点相似，不过要分辨也不难，一是看鱼嘴，白鲦鱼嘴巴上沿是平的，翘嘴鱼，顾名思义，鱼嘴上沿往上弯折，甚至能弯得接近90度；二是翘嘴鱼比白鲦鱼大得多，最小的也能长到人的小臂那么长（30厘米左右），重达两斤多，养得好的翘嘴鱼甚至能长到一两米长，重达二三十斤。大家在买鱼时尽量挑大的总归没有错。

鲂，即鳊鱼，又名武昌鱼（团头鲂），头小而肉多，肉味还特别鲜。其被毛主席称赞过，在中国应该无人不知，至今仍是我国重点经济草食鱼类之一，有诸如剁椒蒸鳊鱼等名菜。不少历史名人用这种鱼取名，足见它的人气，比如春秋时期楚国司马公子鲂，以及三国里“断发赚曹休”的吴将周鲂。

鲿，即黄颡鱼，俗称黄辣丁。川菜里有著名的红锅黄辣丁，麻辣香醇。此外，它还有祛风、醒酒等药用价值。

鳢，即黑鱼，以个体大、生长快而著称。虽然它是会危害其他鱼的凶猛鱼类，但味道非常好。鲁菜里有一道知名的滑炒黑鱼片，虽然在那个时代八成吃不到，但把黑鱼做成鱼羹、鱼脍应该也是不错的。

鰋，即鲇鱼，广东人叫它塘虱，外国人叫它猫鱼，同样也是肉食性鱼类。九江名菜——豆参煮鲇鱼是当地不可错过的美食。此外，它还有催乳的药用价值。

鲨，并不是大白鲨那个鲨，而是指一种生活在南方溪涧的小型鱼。今称沙鰛，吃的人似乎不多。鳍大尾圆，黄白色，有黑斑，口广鳃大，会张口吹沙，俗称吹沙鱼。

而有些现在已经吃不到的鱼，当时或许遍地都是，这还是挺令我们羡慕的。这其中就要说一说“鳣”这种鱼了。

鳣，即鲟鳇鱼，也是我们常说的达氏鳇，是曾活跃于黑龙江流域的一种大鱼。它的寿命很长，年龄可达百岁以上，成鱼可长到五六米长，重的可达一吨！这种鱼全身无鳞，只在背脊和身体两侧有五列菱形骨板，肉质肥嫩鲜美。《清稗类钞》里记载：“巨口细睛，鼻端有角，大者丈许，重可三百斤（丈许、三百均为虚指，指鱼很大很重），冬日可食，都人目为珍品。”

怎么个珍品法呢？我们不妨参照《红楼梦》里贾府过年时有个乌庄头送来的一份年货礼单：

[清]孙温绘 《红楼梦》选图

大鹿三十只，獐子五十只，狍子五十只，暹猪二十个，汤猪二十个，龙猪二十个，野猪二十个，家腊猪二十个，野羊二十个，青羊二十个，家汤羊二十个，家风羊二十个，鲟鳇鱼二个，各色杂鱼二百斤，活鸡、鸭、鹅各二百只，风鸡、鸭、鹅二百只，野鸡、兔子各二百对，熊掌二十对，鹿筋二十斤，海参五十斤，鹿舌五十条，牛舌五十条，蛏干二十斤，榛、松、桃、杏穰各二口袋，大对虾五十对，干虾二百斤，银霜炭上等选用一千斤、中等二千斤，柴炭三万斤，御田胭脂米二石，碧糯五十斛，白糯五十斛，粉粳五十斛，杂色粱谷各五十斛，下用常米一千石，各色干菜一车，外卖粱谷、牲口各项之银共折银二千五百两。

看这份礼单，其余山珍海味都是二十件起步，其中多的达上百只，唯独这个鲟鳇鱼仅有两条。

这说明什么呢？当时鲟鳇鱼已是珍稀之物，以至于王公贵族都没办法放开吃。而现在就更别想了，它是国家一级保护动物（仅限野外种群）。通常新闻媒体给它的标签不是水中活化石，就是水中大熊猫。不知情的捞它一条，今天炖大鱼，明天蹲大狱。

不过需要说明的是，将大熊猫和鲟鳇鱼相提并论，未免太小瞧这鳇了。要知道，达氏鳇（鲟鳇鱼）可是在 1.3 亿年前的白垩纪时期就生活在地球上了，如今，恐龙灭绝了，然而它没有，其原始古朴的外形 1 亿多年来几乎没有改变。应该说，鲟鳇鱼这种食物链上层的巨鱼，在大自然中是根本没有天敌的，它 1 亿多年来唯一犯的战略级错误，就是选择生活在了“舌尖上的中国”。

乾隆十九年（1754 年），东北赫哲族有位渔民捕到了一条硕大无比的鲟鳇鱼，惊为天人，他将鱼拿到集市上售卖，却无人敢买，几经辗转，鱼被进贡给了乾隆皇帝。乾隆一尝，发现这种鱼不但肉质口感极佳，而且连它的骨头都很美味，吃毕诗兴大发，于是我们就得到了一首《咏鲟鳇鱼》：

有目鳏而小，无鳞巨且修。鼻如矜閫戟，头似戴兜鍪。

一雀安能啖，半豚底用投。伯牙鼓琴处，出听集澄流。

平心而论，这首乾体打油诗在作者一生中创作的43,600余首诗里还真的不能算差，足以看出鲟鳇鱼的味道让他花了点心思。“鳇”这一称谓，最早就是出现于清代，更有来自清皇室对于这种鱼的格外青睐，鳣这种被皇帝赏识的怪鱼蒙受恩赐，改名为鱼皇——鱼中之皇。后来干脆专门生造了一个与“皇”谐音的字——“鳇”。然而这个高贵的名字，顿时给这个存续1.3亿年的远古物种判了死刑。

上有所好，下必甚焉，自从得到皇帝的带货，达氏鳇立刻成了大清头部食材，人们开始远赴黑龙江流域大肆捕捞达氏鳇，然后将其作为贡品送往京师供皇家贵族享用，这一行为导致野生达氏鳇数量急剧下降。后来发现，捕捞速度跟不上消费，于是当地开始尝试人工养殖达氏鳇，但可惜的是，刚刚形成一定规模的时候，清王朝衰败了，开始被列强鱼肉。其中沙俄占领了我国东北大片土地，而且他们发现了这种神奇的大鱼身上更加宝贵的经济价值——用其鱼卵加工成鱼子酱！于是，这种鱼子酱迅速风靡并在国际上有了“黑色黄金”的美誉，成为欧洲、中东土豪们的最爱，而且价格还在随着达氏鳇的急剧减少而水涨船高。今天，达氏鳇鱼子酱30克装的售价为1600元左右。但问题是，达氏鳇这种鱼的生长周期相当漫长，十六七岁的雌鱼才能产卵，这种杀鸡取卵的行为彻底加快了达氏鳇的灭绝速度。近年来，除黑龙江干流基本上已经找不到野生达氏鳇的踪迹，它已在《世界自然保护联盟濒危物种红色名录》列入极危。如果有一天我们还能重新在餐桌上见到它，大概也只有寄希望于其养殖业重获繁荣了吧。

除了鳣之外，先秦各类文献中还曾反复提到一种令人好奇的大鱼——王鲔。

《周礼·天官冢宰·渔人》中记载的“春献王鲔”，《礼记·月令》中记载的“（季春）荐鲔于寝庙”，都是说周王室春季有献祭特大鲔鱼祈福的习俗。在今天，鲔通常是指金枪鱼，虽然金枪鱼也符合大而肥这个上层人士喜欢的特征，但考虑到当时的捕捞和冷链水平，这种远洋鱼类出现在镐京或洛阳周王室饭碗里的可能性极低。结合文献中对王鲔“或鹿觡象鼻”“其状如鳣，而背上无甲。其色青碧，腹下色白。其鼻长与身等，口在颔下，食而不饮……尾歧如丙（柄）”等一系列的记载和描述，可大概得知它其实是一种令我们现代人无限神往的东西——长江白鲟。

“千斤腊子万斤象”几乎是介绍长江白鲟这种生物时，必被引用的渔家谚语。其中“万斤象”指的正是长江白鲟，白鲟体长可达7.5米，它长而直的吻部好像大象的鼻子，看起来威风凛凛，格外高贵，因此也有“象鼻鲟”的叫法。古时，江浙一带把鲥（鲥鱼）、枪（白鲟）、鮠（江团）和甲（中华鲟）并列奉为中华四大淡水名鱼（而今不是绝迹，就是濒危），其历来被视为珍品。长江白鲟和达氏鳇均为繁衍超过上亿年的上古活化石，只是长江白鲟的下场更惨——2020年已经被证实灭绝了，一时间，成为当时火爆至极的谈资，自媒体们呼天抢地，只是在那之前却鲜少提及。很多物种就像长江白鲟这样，并非彻底失去了人们才知道珍惜，而是失去了人们才刚刚知道它们。

说到传说中的大鱼，那就不得不提庄子最向往的“鲲”了。

对于鲲这种东西，很多朋友第一次知道它可能并不是在《庄子·逍遥游》或者《列子·汤问》里，而是在前些年突然铺天盖地出现且呈病毒式扩散的“吞鲲”“养鲲”页游小广告中。在小广告中，鲲通常被描绘为一条面目狰狞且正在套娃式吞噬其他大怪兽的大鱼。如果你被勾起好奇心，手贱点一下，就会发现这个垃圾页游里的含鲲量为零，正如老婆饼里没有老婆一样……虽然有无数小伙伴受了骗，但鲲这种夸张巨物的形象从此牢牢刻在了人们的脑海中。

“其名为鲲”的“鲲”到底是什么鱼？

在遥远的终北之北，有一片无比广深的溟海，一条大鱼鲲就生活在这里，它的宽度就有数千里，长度更是无人知晓。不仅如此，它还有个空海双强的属性，它可以化身为巨鸟，名为“鹏”，其翼展遮天蔽日，秒速九万里……这就是传说中有关鲲鹏的记载。

俗话说，鲲之大，一锅炖不下。庄子在《逍遥游》中并未详细描述鲲的外形，唯一知道的是大，非常大——“不知其几千里也”，在浩瀚的中国神话传说中，它也算数一数二的鱼类。而如果放到世界其他神话体系里，它起码也是尘世巨蟒耶梦加得或者深海巨兽利维坦级别的超凡存在。

更惊人的是，“鲲”真的是这条大鱼的名字吗？因为这个字的本意应该是鱼子、鱼苗。[①]《国语·鲁语上》里有一句“鱼禁鲲鲕”，鲲和鲕都是鱼苗，此句意为严禁捕捞小鱼苗，竭泽而渔不可取。所以，庄子想要表达的意思应该是：这条扶摇而上九万里、大到世人无法想象的鲲，实际也不过是一条有待发育的幼鱼而已，从

---

①《尔雅·释鱼》里解释过：“鲲，鱼子。”郝懿行义疏：“凡鱼之子，总名鲲。”

而进一步突出它三段式成长后的最终形态——“鹏”的巨大。你看庄子的这个“宝可梦”，宏不宏大?

当然，庄子的神奇动物寓言少不了古人常有的艺术夸张通病，我们先不说什么三千里还是九万里，如果一定要把鲲和现实中的海洋生物联系起来，可能性最大的只有一种，那就是地球上最大的动物——鲸。

关于鲲是什么鱼，古人也和我们一样，不厌其烦地争论了几千年，虽无定论，但投鲸鱼一票的还是明显占多数。《海国春秋》里说的“鲲鲸游戏，喷沫为雨”显然是在描写鲸在海面上用气孔喷水，就像下雨一样的经典情景，等于把鲲和鲸直接画上了等号。这也并不难理解，鲸的体形非常庞大，恰好符合古人对于鲲的想象。更有力的“实锤”是，鲸鱼跃出水面时舒展的大鳍也很容易让古人联想到鸟类的翅膀，进而才有了鲲化身为大鹏的“脑洞”。

相对于《淮南子》中“介鳞生蛟龙，蛟龙生鲲鲠”这类怪力乱神的猜想，鲸鱼这个答案显然更有逻辑上的说服力。所以，鲲是啥味道不好说，但鲸鱼的味道还是有案可查的——不过也不会比猪肉、牛肉、羊肉更好。

在我国历史上，虽有熬制鲸豚油脂，燃鲸鱼膏为灯的记录，但甚少有食用鲸鱼的记载。这是因为中国人不爱吃鲸肉吗?

浙江永嘉的方志曾记载过，鲸鱼肉味美，与牛肉类似（不要信！没法比！），而且古代也确实出现过“鲸舌”这道菜。然而，也有人因为食用搁浅死亡的鲸鱼腐烂的肉而患病。这个细节已经趋近于真实答案了——先别问爱不爱吃，首先，古代没有远洋渔船，更没有能力捕鲸，最多只能捡捡尸。

再者，这不大吉利。

鲸鱼作为一种疑似有集体自杀倾向的生物，动不动便成群结队地搁浅在海滩上，继而痛苦地死去，由此甚至产生了一个专门的名词，叫作“死亡搁浅”。

而鲸鱼的死亡搁浅是这样的：每当鲸鱼搁浅死去后，脂肪会从它的体内源源不断地溢出，发出阵阵恶臭，脂肪与蛋白质分解，产生大量的甲烷和其他令人作呕的气体，使鲸鱼各处皮肤发生离奇肿胀，看起来尤为可怖。最后，当鲸鱼庞大的尸体无法承受腐败气体的充盈，还会发生爆炸，血雨腥风的凄惨景象活脱是一幅地狱画卷。这一幕但凡被人们看到，必定认定是天降噩兆。而中国古代就有一种迷信的说法，叫“鲸鱼死而彗星出”，是说每当鲸鱼在陆地上死去时，天空便会有彗星划过。面对这种大凶之兆，估计再胆大的吃货也不会有什么想法了吧。

最后一个原因，那就是鲸没那么好吃。这是大实话。

鲸是哺乳动物，而不是鱼，它的肉质肯定不是金枪鱼那种真正大鱼特有的质感，而是接近牛肉。鲸肉的肌纤维是肉眼可见地比牛肉粗，颇耐嚼，但是由于其脂肪含量很高，倒也不会很柴，然而鲸脂又带有典型海洋鱼油的气味……总的来说，鲸肉像带着鱼腥味的牛肉或驼鹿肉，而且如果处理不好，散发的血腥味也更浓重。这对被细腻的猪肉惯坏了的中国人而言，无疑是个费力不讨好的选择。

此外，鲸肉虽然能吃，但不是人工养殖得到的，而是来自捕鲸船捕获的鲸鱼。由于海洋环境的污染，鲸鱼体内往往积存了相当多的重金属，比如汞和其他毒素。

纵观世界各地，吃鲸的只有在北极圈附近生活的民族，像格陵兰等地的因纽特人等。而且他们是被迫吃，毕竟他们能吃的肉类极其有限，只有鲸、海豹、海雀无限量供应——因纽特人的重口味名菜“腌海雀”的制作流程，也多少凸显了这种巧妇难为无米之炊的无奈。所以说，当地人不得不用高油脂、高热量的鲸肉或海豹肉来对抗严寒和补充身体必需的营养物质。

在挪威等地，人们喜欢把鲸肉配以蔬菜煮成鲸肉汤，然后蘸着面包吃，类似于鲸肉泡馍，这是他们祖传的食用方式。或是用煎牛排的方式用奶油煎鲸肉，虽然吃了数千年鲸，但花样并不繁多。

说起最能花式吃鲸的国家，当数日本——全球的鲸鱼食用爱好者集中在这个小小的岛国。日本文化中有着世界上最完善的鲸肉烹饪方法，并且这种文化早在绳文时代就开始了，是名副其实的“吞鲲”大国。

究其原因，自1000多年前，他们的某代天皇圣母心大作，颁布了一个肉食禁令之后，可怜的日本人就不能吃肉了。千百年来，他们一直可怜巴巴地将鱼虾作为蛋白质的主要来源，好在当时生物学水平不高，鲸鱼有幸被天皇归为鱼类，但肉味是实打实的哺乳动物的。日本人一看，这个天大的漏洞岂能不钻？于是就想着法、变着法地吃鲸。但他们丧心病狂地发展捕鲸业，直至世界其他国家看不下去拍了个《海豚湾》警告他们，则是二战之后的事了。作为战败国，日本战后出现了严重的粮食危机，猪肉、牛肉、羊肉等主流畜肉类长期供应不足，很长一段时间不得不靠着捕鲸得来的鲸肉解馋，这也使得战后婴儿潮一代的日本人对鲸肉怀有一种特殊的感情，相当于我们小时候吃“猪油渣”的幸福感。

不仅如此，鲸鱼在日本是有神格的，古时被称为“勇鱼”。就和狐狸被视为稻米的守护神一样，勇鱼在日本被视为能带来水产丰收的渔业之神。对渔民而言也很好理解，除了鲸鱼本身是巨大的猎物之外，鲣鱼之类的鱼群也往往伴随鲸鱼一起出现，因此非常值得感谢。其后，这种感谢之情再次转化为俗称“惠比寿”（Ebisu）的祈福信仰。说到“惠比寿”，通常会想到带来生意兴隆、五谷丰登的日本七福神之一。但惠比寿本意为“异邦人”，是一种对远洋渡海而来的漂流物的信仰。日本人怀着感谢之情迎接搁浅而死的鲸鱼，因此并不会像其他国家那样视其为噩兆和灾祸，而是视为勇鱼神所带来的祝福。

因此，他们对待神灵的态度也与中国人大相径庭，至少我们绝没有动过要把某位农神（比如后稷）或是福神（比如关老爷）生吞活剥的心思。

在日本，鲸鱼上上下下被细分多达70个部位，每一个部位都被取了作为食物的特殊别名，且对应五花八门的料理手段。比如“尾身”（尾肉），可以直接作为生鱼片食用；犹如霜降牛肉一般的关节边肉，因为如同小鹿的花纹，故名“鹿子”，富有嚼劲，可作为火锅肉片或者生食；“亩须”，须鲸下颌到肚脐间长沟状皮肤皱褶的部分，可制成长崎名吃“鲸鱼培根”；“本皮”（皮下脂肪），可作为生鱼片，或油炸食用；再有就是背部与腹部等脂肪较少的“赤肉”，以及富含肥厚脂肪层的“白手物”（白肉），这两种食材占据了鲸肉的绝大部分。除此之外，还有姫肠（食道）、豆肠（肾脏）、百畳[1]（胃）、袋肠（肺）等等，总之一样都不浪费。

在为数众多的鲸鱼食材中，其中舌头和尾身是最为高级的品类，它们都会被切作薄如蝉翼的刺身，出现在最高等的餐桌上。

说完了鲸鱼，又想到一个问题：庄子这个人这么向往鲲，他是见过鲸鱼吗？

因为按照他的说法，鲲（鲸鱼）在北冥，位于“终北之北”的北海，比昆仑山还北，可是中国的北方没有海呀！

关于北冥这个地方的地理研讨，一种说法是贝加尔湖，但是把贝加尔湖称为北海的说法是在汉朝疆域最辽阔时才出现的，春

---

① 日文汉字。

秋战国时，那块地图还没被点亮啊；另一种说法是北冰洋，目前来看，北极圈确实是鲸类的大乐园，加上“冥为极地大水”，完全能对得上。

但问题是，对一个大约生活在2500年前没有汽车、飞机、邮轮可坐的河南人（或安徽人？）而言，这两种说法都挺离谱的。

退一步吧，先甭说什么北冥、北海、北冰洋，在没有任何海岸线的宋国“躺平”生活的庄子，有可能见过真正的大海吗？

这确实有点可疑。因为庄子虽然有恋海癖（在《庄子》中，关于大海的有好几篇，而关于大海的动物寓言更是不计其数），但他所描述的海听上去总不大像海——苍白而茫然，幽冥而深邃，充满虚无感，甚至连颜色都没有，没有一切细节，就是一个字——大。这更像是抽象的梦境奇观，而不是那种令人兴奋的碧海蓝天、惊涛骇浪、生机勃勃的大海。

所以庄子究竟去过海边没有？不然“井蛙不可以语于海”也可以用来说他自己了，岂不尴尬？

身为一个内地人，在那个形势纷乱、导航不靠谱、人力运输和交通基础设施水平极低，甚至连文字和货币都不统一的时代，出远门本身就是一件风险极大的事情。孔子带着一堆学生游历，号称周游天下，但其实也只是从山东龟速移动到了邻省河南，并没有走多远就累瘫了。同理，要从内陆走到海边，是极其不容易的。

多年以后，秦始皇不惜动用国家机器的力量，一路浩浩荡荡，还赔上一条命才实现了看海的愿望。

宋国位于河南、安徽的交界处，都城是商丘（今河南商丘市南），而庄子是宋国蒙邑人，并在蒙邑担任漆园吏。这个“蒙”，应该就是如今的安徽蒙城，那里至今还有庄子的祠堂。考虑到这个蒙地处于淮河流域的地理位置，以及历年记录的气候特征，似乎又可以说，庄子见到的也许是另一重意义上的“海”。

蒙城位于淮河流域，淮河夏季发大水是家常便饭，早在大禹治水时，这里就已经是全国级的重灾区了。而大禹也正是靠着“导淮入海”的功绩才结束了水患，但那也只是暂时的。此后，历朝历代，这里都以“小雨小灾，大雨大灾，无雨旱灾”而闻名天下。史料记载，从 1194 年至 1855 年的 600 多年间，淮河流域共发生洪灾 268 次，平均每两年多一次。至于水利设施更不发达的 2000 多年前，就更可想而知了。所以说，庄子有没有见过大海虽然不能确定，但要说和大海一样一望无际的洪水，想必他并不陌生吧？

但若要说庄子没见过海吧，可是没有航海经验也没看过世界地图的他，对海洋与大陆的关系的把握竟然出奇地准确。

庄子认为，世界被海洋包围，中国（中原地区）之于海洋就像一粒米在仓库里的地位，虽然略有夸张，但概念上完全正确。

假如能排除庄子慵懒的个性和一路的艰难险阻，他倒是有机会看海的。毕竟相比于秦国、赵国，宋国还算离海近一些。尽管那意味着庄子要穿越整个山东省（齐国、鲁国），才能来到最近的渤海，或是去到把越国灭掉的楚国，才有机会去看黄海。事实上，庄子也确实游历过一些国家，比如说刚才提到的楚国。

“庄子之楚，见空髑髅”这篇小作文就记叙了庄子在楚国和路边的一个骷髅头进行的一场哲学对谈——原文很长，大意是人生在世拘累劳苦，愚者与外物相互竞逐，与他人钩心斗角，身心俱疲，不知生亦何欢，死亦何苦。末了，庄子对骷髅头说：“我给你个机会吧。给你血肉，让你重新活在这世上好不好？”骷髅头大怒：“你是想让我放弃超过国王的快乐，重新回到人世挨‘卷’受苦吗？想都别想！一切都会逝去，唯有死神永生——躺平万岁！”

从庄子企图复活骷髅，甚至把骷髅头当作枕头睡觉，怡然自得而完全没有惊惧和反感的描述来看，他搞不好还是个通灵异能人士或高阶死灵法师。这样的一个大仙，无论想看海还是看别的什么，应该都是具备充分的客观条件的吧？

其实真要说的话，对一个拥有如此汪洋恣肆的想象力，将宇宙凝缩于方寸之间的人而言，看没看过海、吃没吃过鲲，真的不重要了。

第三章

孙武喝过苏式绿豆汤吗？

大家应该都听说过这么一本书——《孙子兵法》，传说卖鱼佬看懂了这本书也能当老大。但是它的作者孙武却是一个一直活在战争迷雾里的人，生于什么时候，不知道；死于什么时候，书上也没写。唯一比较清晰的，就是他生活在春秋晚期，最后在吴国，也就是苏州这一带帮吴国训练军队，这是孙武人生中最辉煌和最落寞的时光，用今天的话来说，他也是个“苏漂”。

为什么说是在“苏州这一带”？因为吴国虽然传承了六七百年，但因为远离中原，史书记载一直比较模糊，国都也搬迁过几次。之前总传说苏州旧城区就建在吴国都城遗址上，但一直没有找到决定性的证据。2010 年，中国社科院考古研究所与苏州市考古研究所正式确认，木渎、胥口一带山间盆地内，曾经存在过一座春秋晚期、具有都邑性质的超大型城址。这一年，苏州木渎古城遗址也被评为全国十大考古新发现之一。这座古城四面环山，外围有护城河、城墙、城门等遗址，内部西南部还有一座小型的内城遗址，这在古代是一座王城的标配，木渎古城也是我们目前找到的春秋时期最大的古城遗址。而古城附近的姑苏山，山上一直有传说中“姑苏台”的遗址，姑苏台就是古书《吴越春秋》里记载的吴王阖闾的行宫。两相对照来看，木渎古城作为吴王阖闾时期，至少是阖闾统治前期的国都，应该是靠谱的。作为军事顾问的孙武，随时要和吴王开会，他应该也住在苏州郊区，不然怎么上班呢?

随时爆发战争的古代苏州

今天一提起苏州，我们的第一印象是清凉湿润的江南水乡。从地理位置来说，苏州西邻太湖，东边离东海也不远，实际一看天气，苏州竟然是亚热带季风海洋性气候，夏季气温常在 30 摄氏度以上，甚至超过 40 摄氏度。春秋时期的苏州还要热得多，地理学家竺可桢院士曾考证过，当时连北方的鲁国，冬天也是好几年不结冰，而地处东南的吴国，也就是现在的苏、锡、常地区，那更是热得离谱，前面说的吴王的行宫姑苏台，就是因为每年春夏两季太热了，大王在城里待不住，得搬到行宫去，叫作“秋冬治于城中，春夏治于城外姑苏之台”。那老百姓怎么办呢？只能穿着短衣短裤去河里凉快凉快，所以当时中原人把吴国叫作“裸国”，意思是吴国人人不穿衣服，属于“蛮夷”。

这种温暖湿润的气候往往会伴随人口增长和国力扩张，在春秋晚期，长江中下游流域崛起了楚、吴、越三个强国，用现代战争的说法，这一带算是一个火药桶，随随便便就能打起来。最离谱的一次，吴国、楚国边境上采桑叶的姑娘吵架，吵着吵着便动了手，两边都回家喊了不少人，打了一场大群架，最后竟演变成一场跨国大战，虽然楚国拉了几个小国组成联军，但还是被吴国趁机攻下了钟离、居巢两座城池，史称“卑梁之衅”。

这场“卑梁之衅”里，吴国充分展示了自己对外的雷霆手段，但是吴国国内也是“卷”得热火朝天。当时在位的吴王，没过多久，也因为一条烤鱼，把王位和自己的性命都丢了，这位倒霉的吴王单名一个僚，同僚的“僚”，他的人生称得上一个字——冤。

话说吴王僚的爷爷寿梦一共有四个儿子，吴王僚的亲爹排行第三，但是他爷爷寿梦特别宠爱最小的儿子季札，临死前吩咐王位要“兄终弟及”，这样总有一天会传到小儿子手上。前面的三个儿子倒是忠实地执行了遗嘱，但这位四叔季札是当时有名的大文化家，孔子都得跟着他学礼仪，他让大家别拿当国王这种枯燥乏味的琐事来打扰他。季札之所以不肯继承家业，可能也是因为当时吴国是百战之地，这份工作的危险系数太高了，不战死也容易被暗杀。

季札跑了，大臣们商量了一下，决定把最后一任吴王的儿子扶上王位，这就是吴王僚。这下大伯的儿子公子光就不乐意了：“爷爷说好了兄终弟及，我父王做大哥的也高风亮节，王位传给叔叔我不敢反对，现在要从我们这一辈里挑继承人，怎么能跳过我这个长子嫡孙，立了三叔的儿子呢？”

有一说一，公子光确实是一位猛男，而且特别擅长夜袭和偷袭，前面提到的吴、楚桑叶大战“卑梁之衅”，就是公子光带着吴国军队打赢的。他为什么忍耐到第十二年才动手，可能还是跟吴王僚这个堂弟产生了一些不可调和的矛盾。

关于吴王僚的结局，《史记》记载得比较简单，说公子光邀请吴王僚来吃饭，在宴会厅周围布置好刀斧手，吃到一半，公子光找借口躲开。此时，一个名叫专诸的精锐刺客给吴王僚端上来一盘“加料”烤鱼，然后乘其不备，从鱼肚子里拔出藏好的匕首就刺，吴王僚当场就没命了。《吴越春秋》里写得更详细，说专诸在行刺之前专门谋划过，知道吴王僚是个吃货，最喜欢吃烤鱼，原文是“鱼之炙”，就是把鱼放在火上烤得外焦里嫩，香喷喷的。所以，这位很有事业心的刺客专诸还专门到太湖边特训了三个月的厨艺，练了一手烤鱼的绝活。但是吴王僚也不是个昏了头的吃货，赴宴前，他特地穿了三层“棠铁之甲”。但没办法，专诸之前是做屠户的，精通解剖术，用的兵器又是铸剑大师欧冶子炼制的神器“鱼肠剑”，一剑刺透三层铁甲，当场要了吴王僚的命。

说来讽刺，这场刺杀里最出名的反而是这把鱼肠剑。传说这把剑天生反骨，到了臣子手里就会弑君，到了儿子手里就会弑父，公子光把鱼肠剑封存了，甚至下葬时还带着它，传说今天苏州虎丘的剑池下面就埋着三千把宝剑。历史上对鱼肠剑的外形众说纷纭，连它多长、多宽都没有准确的记录。《史记》里只提到专诸用了一把匕首，我们想想看，其他兵器也确实不太方便藏到鱼肚子里。但如果我们再看看《吴越春秋》的说法，专诸拔剑之时，吴王僚身后的侍卫并不是毫无反应的，他们马上就挥舞长戟插进专诸的胸膛，把专诸的肋骨都劈断了。春秋长戟留存下来的不多，但一般在 2.5 米以上，士兵挥舞时一般是握在长戟 1/3 ～ 1/2 的位置，用长戟能把刺客挡在吴王僚身前 1 米以外的位置。但是专诸这边也不弱，据记载，他是个约 1.84 米的大高个，伸直手臂的话，一边手臂大概有 1 米，他忍着被长戟刺穿的剧痛，握紧手里的鱼肠剑，一直刺透吴王僚身上的铠甲，直取其要害，那么鱼肠剑的长度至少也得有 0.5 米，不然根本够不着目标。由此可见，作为吴王僚最后晚餐的这条烤鱼也是一尾大鱼。

春秋时期有没有这么大的野生鱼呢？我估计是有的，在后世《齐民要术》里就有一个“酿炙白鱼”的食谱，将“长二尺”的大白鱼收拾干净，从背后剖开，在鱼肚子里填满已经去骨、剁碎、烤熟的鸭肉末，用铁扦子把鱼叉起来烤到半熟，再抹上醋、鱼酱、豉汁，然后烤到全熟。北魏时的一尺大约是 30 厘米，所以这种大白鱼体长至少有 60 厘米，别说一把匕首，就是塞进一把 59.1 厘米长的吴王夫差剑，估计也够了。

但是不管是哪个版本，专诸跟吴王僚都是同归于尽，这也是专诸从一开始就跟公子光谋划好的，毕竟这是一场自家人之间的谋杀，而且吴王僚作为君主没有什么明显的缺陷，只是才华不如公子光，又挡了人家的道。为了公子光能从这桩谋杀里被择出去，未来顺利继位，专诸必须被当场灭口。

专诸这个人确实死得十分可惜，他除了智勇双全、武艺高强，还有着强大的情绪管理能力，传说他一怒可吓退万人，但是对母亲极为孝顺，也很爱老婆。这样的勇士不做刺客的话，应该也能成为一员猛将。今天苏州城里还有一条专诸巷，但不是练武术的地方，而是玉器一条街，可能后世的玉雕工匠也想拥有专诸那样的好刀工吧。另外，专诸不是为了任务，到太湖边练习烤鱼嘛，所以餐饮行业也有拜专诸为祖师爷的。不知道专诸在天有灵，会是什么样的表情。

公子光在登基以后换了一个大家更耳熟能详的名字——吴王阖闾，吴国最后的辉煌就从他这一代开启。我们这章的主角——"兵圣"孙武，也是在这时带着他的兵法，从遥远的北方齐国辗转来到吴国，做了"苏漂"的。

说来有趣，其实孙武在史书上并没留下多少实际带兵打仗的记录。宋朝的苏洵，也就是苏轼的爸爸，甚至写了篇文章，标题就叫《孙武》，说孙武根本没有什么战功，别看写了一部《孙子兵法》，实际上他自己都没玩明白，吴国能赢楚国，全靠他的同事伍子胥，再加上楚国自己不争气，伍子胥死了十几年后，吴国就被越国灭了，当时这孙武在哪儿呢？

苏洵怎么想不重要，古往今来，真正指挥过大军、打过胜仗的人只要读过《孙子兵法》，就没有不服孙武的，为什么？因为

《孙子兵法》不仅仅是讲具体的战术策略，而且是人类历史上第一套成体系的战略方法论。当别人还在琢磨阵形怎么摆、武器怎么造、士兵怎么练的时候，孙武考虑的是怎样“不战而屈人之兵”，通过不断扩大己方与敌方在各方面的差距，让对手投降。简单来说，孙武提醒大家不要只关注竞争本身，而要不断扩大我们与竞争者之间的经济、生产力、双方掌握的信息、心理素质这些指标的差距。这种思路不要说对2000多年前的古人，对今天的很多人来说，都是降维打击。这样一套兵法肯定不是横空出世的，从历朝历代的考据来看，孙武确实很有可能是齐国田氏里某位职业军人的后人，如果我们把孙武的经历和田氏家族的故事结合起来看，不难看出其中的联系。

首先，孙武的家族有移民打工的传统，他家始祖从陈国到齐国避难，为了避嫌，这才把氏族的名称从陈改成了田。

其次，他们家从很早就认识到“人心”才是取胜的关键，通过不断收买民心，最后得到天子的认可，当上了齐国国君。要知道，齐国可是姜太公吕尚的地盘，在所有外姓诸侯国里，他们跟周天子的关系是最亲密的，但是有什么用呢？齐国的民意已经倒向田家了，这就是著名的“田氏代齐”。不知道孙武写下“道者，令民与上同意也”这句话时，是不是也想到了自己家的功绩？

最后，田氏有出军事奇才的传统，在孙武之前就出过一员大将司马穰苴。我们可能听说过孙武给吴王训练女团，为了效果突出，斩了两个带头起哄的吴王宠妃，这应该就是从司马穰苴那里抄的。现在很多领导也在用这一方法，初来乍到，底下人不服，那就杀一个带头的祭天吧。

孙武作为田氏后人，为什么会躲到“蛮夷之地”来，他自己没说，我们也不好问。但估计是他遇到了没法在战场上解决的问题，比如阴谋或暗杀，所以才跑到现在苏州西边的穹窿山里隐居下来，不然估计他一个北方人，也不太受得了本地的暑气。

吴楚两国的美食文化

古时的吴国人，也就是今天的苏州人，为了适应多变的气候，就有很多饮食方面的讲究，老苏州传统叫“不时不食”，前一个“时”是时间的时，后一个“食”是食物的食，一年四季十二个月，每个月甚至每个星期，到了那个时间，就有必须吃的东西。比如正月要吃桂花糖年糕，三月要吃青团，这些还是小点心，一到清明，水里的螺蛳、菜花甲鱼、莼菜，山里的碧螺春茶、鲜笋、金花菜、马兰头，各种新鲜食材排着队争分夺秒地上市，稍不留神就错过这一年的口福了。

苏州人到夏天头一样要吃的，要数“三虾面”，这碗面可能是中国面食里最贵的一碗，号称面条界的“爱马仕”。三虾不是三种不同的虾，而是指虾子、虾仁、虾脑，其中虾子、虾脑只有春末夏初正进入繁殖季的鲜活小河虾身上才有。这小河虾最多也就小拇指那么长，全程必须由熟练的师傅手工操作，先把活虾在水里轻轻冲洗，把虾子冲下来，用纱布小心过滤，再用黄酒以文火翻炒足足三个小时；为了保证虾仁新鲜完整，也得人手现剥；所谓虾脑，其实不是虾的脑子，而是卵巢，就是虾头里那一点鲜红的东西，虾的器官几乎都在头部，所以这也是个手艺活，得把虾头烫熟，再从虾头这一堆胃、肝、鳃里把卵巢完好无损地挑拣出来。

把虾子、虾仁、虾脑这三样金贵的食材放在一起，翻炒到虾仁断生，咬一口，除了“Q 弹”的小虾仁，虾子的鲜美和虾脑的奇香也同时在嘴里爆炸，酱油碟那么大的一碟浇头就是两三斤河虾的精华。老苏州的三虾面一般有两种吃法，直接拌到葱油拌面里，或者要一碗面汤放得少，苏州人叫“紧汤”的白汤面配着吃，这样才能充分品味“三虾”的鲜美层次。这么费工夫的一碗面，每年最多只卖一个月，而且每天限量供应，一碗卖到 100 多元还是供不应求。大家如果初夏来苏州，可以找一家老字号面馆，尝一尝这三虾面。

经查，这一碗讲究的三虾面是 20 世纪 20 年代初才发明出来的，别说孙武，就是吴王阖闾应该也是吃不上的，但是不管他们是住在穹窿山还是姑苏山上，各种时令水果应该是少不了的。比如苏州人爱吃的白玉枇杷、白居易写诗怀念过的“吴樱桃”，还有苏州特有的白杨梅，穹窿山的水蜜桃，也很有名气，这几样都是本地原产的水果，自古以来就是贡品，想来味道不会差。孙武在山里应该多少吃过一些鲜果，后来他进入宫廷，又能吃上什么好菜呢？

前面我们说，春秋时期的吴国属于“蛮夷”，吴国人对本国的文化、饮食、风俗几乎不留文字，全靠周边诸侯国帮他们顺带写一下。但这不代表吴国人做菜不好吃。

《楚辞》里有一篇叫《招魂》，里面记录了当时楚国贵族的一份豪华菜单，主食有大米、小米、麦、黄粱，肉有焖得香喷喷的肥瘦相间的牛腱子肉，还有笼蒸龟鳖、烧烤羊羔、醋烹天鹅、烧野鸭、油煎大雁、烹鸧鸹、晾制风鸡、煎煮龟羹，还准备了冰镇酒酿，再配上甜蜜的米面点心。跟这些高级美食并列的还有一道"吴羹"，就是吴国厨师烹制的浓汤。屈原描述这道汤羹的味道是酸里带点苦，这在今天可能不太好想象，但春秋时期讲究"五味调和"，一桌正经筵席，酸、甘、苦、辛、咸五种味道的菜都得有，所以这道汤在当年应该是种极其上档次的复合型口味。

吴楚两国是世仇，在屈原出生之前，两个国家已经恶战了几十年，楚国后期甚至被打到迁都避祸。即使这样，这帮楚国的吃货贵族还是要让吴国的大师傅来煮"吴羹"，不然可能吃饭都不香。

吴国人之所以擅长调制汤羹，可能是因为吴国的核心区域在太湖周边，全国河道纵横，再加上亚热带气候特别适合动植物生息，只要稍微调配，饮食就应该比当时的中原地区丰富精致多了。而且当时南方各国的口味可能跟现在一样，比北方偏甜，这从《招魂》里也看得出来，短短数语就提到了三种甜食：甘蔗汁做的糖浆、麦芽糖，还有冰镇甜酒酿。南方人喜欢吃甜的，一是因为他们有丰富的甜味来源，除了有水果、蜂蜜、甘蔗，还能通过发酵反应将麦、米这些谷物里的淀粉转化成糖分；二是因为天热，流汗多、消耗大，吃点糖可以快速补充能量，避免低血糖。

到今天，苏州本地也有一道夏天必吃的甜点——苏式绿豆汤。其实吴越之地，也就是现在江苏、浙江一带，很多美食是共通的，比如大家都爱吃鱼、虾、蟹，喜欢用黄酒、酒糟来制作喷香扑鼻的糟卤食品，什么酱肉、熏鱼、白斩鸡，喜欢吃糯米团子、纸皮烧麦之类的小点心。但是苏州这道名叫苏式绿豆汤的小吃，不要说全国，在周边都不太常见。当其他地方的网友还在争论绿豆汤应该是绿色还是红色的时候，苏州人早就跳出这个限制了。首先，苏式绿豆汤里的绿豆是另外蒸熟或煮熟的，更像是一种小料；其次，绿豆汤里还要加上放凉的糯米饭，喝的时候，先盛一大勺煮熟的绿豆，再盛一勺糯米饭，放上一小撮青红蜜饯和切碎的冬瓜糖，再倒上满满一大杯冰镇薄荷水。炎炎夏日，先喝一大口冰镇薄荷水，再扤上一勺小料，绿豆颗粒分明，糯米清香弹牙，就连平常不受人待见的青红丝，吃起来也不是齁甜齁甜的，只在舌尖撩你一下。扛过第一波薄荷味的冲击，细品两口，口感是凉、清、香、糯、甜，既层次分明，又互不干扰。再看这绿豆汤的卖相，透明的薄荷水下面，淡绿的豆子、雪白的糯米，点缀着蜜饯丝，桃红柳绿的，还挺好看。很多人都说第一次吃的时候，心里是拒绝的，结果是越吃越想吃。大家要是来苏州玩，别忘了尝一尝。

如果把苏式绿豆汤跟《招魂》里的甜食对比一下，倒真的像是吴国人能想出来的做法，而且非常适合作为消暑的点心。

孙武喝没喝过苏式绿豆汤?

我研究了一下苏式绿豆汤的成分，发现还都挺有说法。

今天一份完整的苏式绿豆汤的材料包括绿豆、薄荷、糯米、蜜饯等。不少苏州本地人到夏天没胃口的时候，中午就点一份苏式绿豆汤，非常扛饿。

我想了想，这个菜谱里最大的功臣应该是糯米。每逢过节吃粽子、年糕、汤圆的时候，总说老人、小孩要少吃点，不然容易积食，不消化。过去有种说法是糯米把肠胃粘住了，下不去，实际原因是糯米里的支链淀粉含量高，我们吃米、面这类主食，本

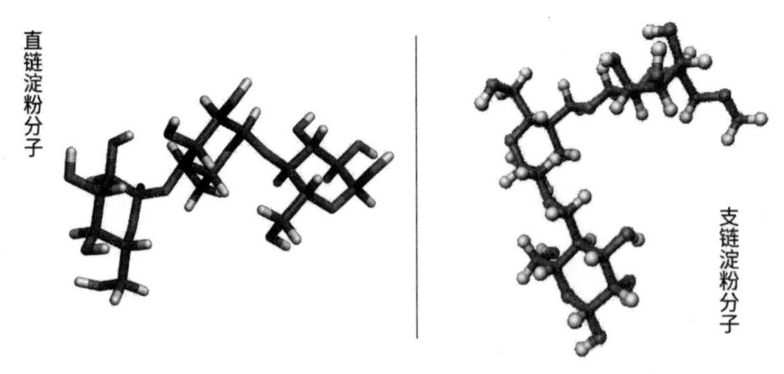

直链淀粉分子与支链淀粉分子示意图

质上是里面的淀粉重新分解为糖分。大米里的淀粉结构是一根条状的，这叫直链淀粉；糯米的淀粉结构则长得曲里拐弯，并且有多个分叉，所以叫作支链淀粉。我们身体里的各种消化酶对付直链淀粉，只能和它首尾两个点结合，释放糖分；跟糯米的支链淀粉就可以多点反应，快速释放出大量糖分，把血糖水平给“泵”上去。也许你会问，不对啊，不是支链淀粉分解得快吗？对，但支链淀粉的结构也造成了它黏糊糊、容易抱团的特性，所以糯米类的食物总是很难嚼碎，经常是囫囵着吞下去一大团，光靠唾液和胃酸得分解到什么时候？而且淀粉还有个特性，那就是热的时候容易分解，冷的时候凝结抱团，所以过去讲究糯米食品要趁热吃，温热的时候水解效率高，会迅速变成糖。等糯米到了肠胃里，温度降下来了，就只能慢慢地反应，有点类似现在药品的“缓释作用”。这样看来，糯米比普通大米确实更扛饿，也更适合过去的体力劳动者。但是对于高血糖或者要减肥的朋友，糯米就是“红灯食物”了。

网上说稻米主要有三种：长而细的叫籼稻，南方人爱吃的丝苗米、茉莉香米都属于籼稻，籼稻产量高，在南方同一块地里一年可以种两三茬，大名鼎鼎的“三系”杂交水稻就是袁隆平院士用籼稻培育的；短而圆的叫粳稻，我国东北的五常大米、日本的越光米都属于粳稻，其产量低，但有米油，吃着香；还有一种就是煮熟以后黏糊糊、有弹性的糯稻，也就是俗称的糯米。

这种分类法既对，也不对，因为不论是籼稻还是粳稻，它们都有支链淀粉含量达到90%以上的糯性品种，所以糯米确实分南北。南方产的籼糯米因为属于籼米，也是细长细长的，适合做粽子、米糕；北方出产的粳糯米圆胖圆胖的，俗称江米，适合煮粥和酿酒。

世界上已知最早的水稻田就是江苏宿迁泗洪县的韩井遗址，在古时吴国疆域内。在这周边还有更著名的河姆渡、良渚等文明遗址，历史上是古越国的领土。所以到了东周时期，吴、越、楚的人民就已经吃了好几千年的稻米了，当时的稻米可能还不是特别典型的粳稻或者籼稻，但是"糯"这个属性已经被培育出来了，而且以糯米为贵。《诗经》里有一首《丰年》，当时人民祈祷谷物丰收，想要的是"多黍多稌"，黍是大黄米，稌就是糯米。孙武虽然是个来自齐国的北方人，但到了吴国，应该就和本地人一样，以米为主食，在吴宫的美食里，糯米肯定有一席之地。

古代传说中有"象耕鸟耘"的故事，说舜和禹死了以后，他们的灵魂分别召唤了大象和鸟群，帮助人民耕地播种。虽然是传说，但也有一定科学道理，动物尤其是鸟类吃了果实，能把植物的种子随粪便播到土里，确实能把植物散布到很远的地方。而且，鸟从土里啄食的样子也很像锄地、播种的动作。

有趣的是，在太湖周边发掘出过一些3000多年前吴国先民的青铜镰刀，其形状不是圆圆的弯钩形，而是上斜下弯，刀刃和

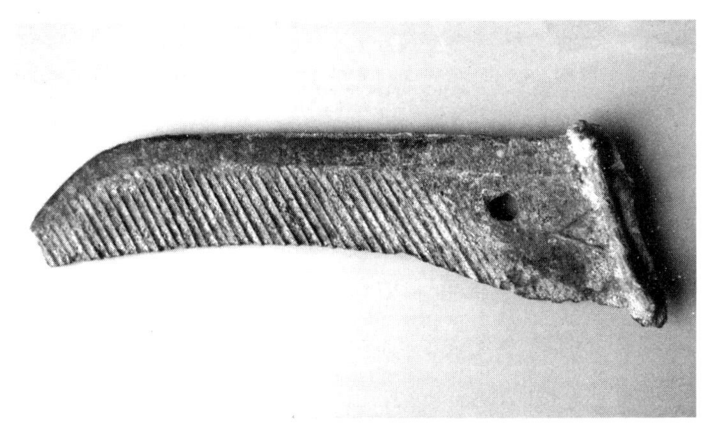

青铜篦齿镰

刀柄成一个 115 度的钝角，有点像鸟喙，也就是俗称的鸟嘴，学名叫“吴国青铜篦齿镰”。为什么叫篦齿镰？因为镰刀的刀刃部分并不是一条光滑的弧线，而是特地设计成一排密密麻麻、像锯齿一样的小沟槽，这种构造就像旧时候用来梳头的篦子，又有点像鸟类的齿状喙。齿状喙，顾名思义，就是像牙齿一样的鸟喙。我们知道鸟不长牙齿，但是灰雁、大鹅这类嘴比较长的水禽，为了能一下把植物的茎叶切断或拧断，或者叼住水里的小鱼虾，就在嘴的边缘进化出一排锯齿，这样的嘴巴就叫齿状喙。我们小时候去乡下，大人总是说躲开大鹅，大鹅能准确地用嘴把你叼住，再一转脖子，就把你拧得哇哇直哭，靠的就是齿状喙产生的摩擦力。这种仿生型吴国镰刀还有个优点，那就是刀刃是不用打磨的，越用越锋利。

有了合适的稻种、长期的耕种习惯，又有符合地域特色的先进农具，苏州这一带自古就是著名的“鱼米之乡”。在吴国中晚期的古墓里，考古学家发现了不少陪葬用的存粮罐，最多的一家陪葬了足有一千斤粮食。有没有可能，只有贵族才吃得上大米呢？也不是，我说个故事，吴国快被越国灭了的时候，吴王派使者去向越王勾践求情，使者说了句：“今吴稻蟹不遗种，子将助天为虐，不忌其不祥乎？”大意是我们吴国现在连稻谷和螃蟹都吃绝了，你们还要趁天灾攻打我们，难道不怕散德行吗？当然这句话还有另外一个解释，说吴国前一年闹蟹灾，水稻被螃蟹糟践完了。但不管怎么解释，吴国使者的这句话都表示，稻米就是吴国百姓的基础口粮。

说到糯米和吴国，还有一个人不得不提，他正是孙武的贵人——伍子胥。

伍子胥也是一个“苏漂”，他家本是楚国名门，但受奸臣费无极所害，被楚平王灭了门。伍子胥历经九死一生，终于逃到楚国的老对头吴国，就是为了复仇。伍子胥仅仅用了九年，不但辅佐吴王阖闾上位，还真的率军大破楚国，可惜楚平王已经死了，伍子胥这仇怎么报呢？《史记》里说他掘开了楚平王的坟墓，当众鞭尸三百以泄恨，这是中国历史上最著名的忤逆，但是司马迁对伍子胥的评价非常高，说他是“弃小义，雪大耻，名垂于后世”的“烈丈夫”。

伍子胥跟孙武的关系很好，对吴国百姓也很体恤，他非常急切地想报仇，但当孙武提出“民劳，未可，且待之”的时候，伍子胥没有反对，包括后面攻楚之战，也是采用孙武的策略，用游击战术骚扰楚军，最大限度降低对吴国的损耗。

可惜的是，伍子胥后来也受吴王夫差猜忌，含冤而死。死前他还预言，吴国一定会被越国灭掉，要家人把他的眼睛挖出来悬在城门上，他想亲眼看着吴国灭亡。夫差听说后特别生气，下令把伍子胥的尸体投入江中，吴国百姓痛哭流涕，争相划船打捞伍大夫，后来每逢农历五月初五，又用糯米包成粽子祭祀伍大夫。看到这里，你是不是发现了什么？对喽，在江浙地区，端午节祭祀的并不是楚国的屈原，而是吴国的伍子胥。

客观来说，伍子胥确实称得上春秋后期的最强六边形战士，懂政治、通兵法，还会搞情报，甚至是个精通风水的建筑大师，吴国的都城都是由伍子胥设计督造的。在苏州和周边的民间传说里，伍子胥死前曾对百姓说，以后没东西吃的时候，去挖一下城墙底部。后来吴国被越国围困时，饥饿的百姓掘开城墙底部，发现了许多晒干的糯米糕，加点水煮来一吃，保住了性命，这就是伍子胥给大家留下的宝贵遗产——年糕。不过我估计，这个传说应该跟中国古代工匠用糯米浆加石灰拌成砂浆来砌墙，甚至用糯米和黄泥混合制成“糯米砖”有些联系。加了糯米成分的灰浆非常坚固耐用，就是成本太高，但是用来修城墙、长城之类的重要建筑，还是很有必要的。

那么，孙武和吴国大军有没有可能吃过糯米？应该是吃过的。吴国盛产糯米，这东西又扛饿，如果充分脱水，制成炒米、干年糕这类干粮，确实适合作为古代的军粮。实际上，在春秋后期的霸主里，吴国常备军规模并不大，吴国对楚国发起决战时，全国水陆两军加起来才三万人，而且吴楚边界水道纵横，走不了战车，所以孙武、伍子胥他们采用的是分兵突进，其中专门有三千精兵左右策应。这种战法带不了辎重，只能让士兵自己携带一点糯米干粮，再按孙武提倡的“智将务食于敌”，沿路从楚国人那里抢夺补给，这是最可能的方法。

说完糯米，我们再来看看绿豆，有资料说绿豆应该是原产印度，后来传入中国的一种植物，网上甚至有人说绿豆是宋朝才传入中国的，宋朝这个时间肯定不对，因为早在宋朝之前四五百年的北魏《齐民要术》里已经详细介绍怎么种绿豆了。还有人说，屈原这位大博物学家在《离骚》中就写过绿豆，证据是“赘菉葹以盈室兮，判独离而不服”。这句里面的“葹”是草字头下面一个施肥的“施”，一般认为是苍耳；“菉”则是草字头下面一个记录的“录”，这解法就很多了，可以解释为一种叫荩草的野草，也可以看作绿色的“绿”的通假字，《诗经》里面的“绿竹猗猗”，有时候就把“绿”字写成草字头的菉，古人也有用这个草字头的“菉”来指绿豆的，但我觉得这是先有了字，后有绿豆这么一种植物。而且结合诗句的原意来说，菉草和葹草都是没有用的杂草、害草，至少屈原觉得这两样东西是不能吃的，单凭这一句说春秋时中国人已经在种植和食用绿豆，证据有些不足。

不过我们的历史也是随着科学考察的发现而不断修正的。1979 年，中国农业科学院的专家在云南等地进行野外考察的时候，发现了大量的原生态野生绿豆，再结合我们之前说的，春秋时期中国的气候比现在更炎热，尤其当时中国南方的气候跟现在的热带差不多，南蛮、东夷各族的居住地应该都有绿豆分布。

但是，即使孙武所在年代的吴国人也在种绿豆，可能也不是把它当食物，而是当作一种肥料作物。

古人很早就发现，种过豆类的土地会变得比较肥沃，到《齐民要术》中已经总结出一套“轮种”的方法——农历五六月份在田里种上绿豆，到七八月份直接连根犁掉，用土盖上，就成了天然堆肥；来年春天，再用这块地种麦子之类的作物，效果就跟施了上好的大粪肥一样，而且在各种豆类里，绿豆的肥田效果是最好的。

绿豆肥田的奥秘，直到 19 世纪才被揭晓。首先豆类植物的根系特别发达，我们在家拿清水发豆芽，两天不吃就生根了。另外，绿豆这种发达的根系还可以跟土壤里的固氮根瘤菌合作，抓住空气里的游离氮，先把它变成固定氮，再转化为蛋白质。所以，即使已经收过豆子，土里留下的豆类根茎依然含有丰富的固定氮，相当于给整块田施了一次纯天然氮肥。绿豆的生长速度特别快，种下去只要两三个月就能收豆子了，留下的根茎当绿肥，经济实惠。一直到民国时期，华北地区还是习惯收割完小麦、玉米，再赶紧在田里种一茬绿豆，既能吃，又能施肥。这也是中国民间长期流行凉粉、粉丝之类便宜又好吃的绿豆美食的原因。

而且绿豆特别自立，它自己能合成氮肥，而且还不需要什么水分，还抗虫害。古时候如果遇上旱灾，农民就赶紧把枯死的麦子、稻谷拔掉而改种绿豆，这样当年还能有点收成，不至于颗粒无收。现在，中国科学家正在研究怎样把绿豆细胞分子模块植入其他植物，未来可能让水稻、玉米这类粮食作物也能像绿豆一样，自产自足。

按照《本草纲目》的说法，到了几十年后的战国时期，绿豆清热解毒的功效才随着名医扁鹊研制的“三豆饮”而传遍天下。所以，孙武可能还没办法喝上一碗正宗的绿豆汤。但是，苏式绿豆汤里的绝对C位——薄荷，却是有可能和孙武在苏州相遇的。

薄荷是唇形科薄荷属植物，总体是一种枝干横截面呈方形、有着清爽的香气、光听名字就让人觉得凉飕飕的草本植物。它的生存能力极强，只要是温暖湿润的环境都能生长。薄荷大家族的成员特别丰富，据统计，至少有600种。薄荷的亲戚也有很多，很多让小孩闻风丧胆的芳香植物，比如藿香、荆芥，都是薄荷的近亲，把这几样草摆在一起，大多数人都会蒙，就连大诗人陆游都没分清楚。很多人都知道陆游是个铁血硬汉，但不知道他是个猫奴。陆游给小猫咪写过一首名字很长的诗，叫作《得猫于近村以雪儿名之戏为作诗》，从隔壁村子抱了只小白猫，给它取名“雪儿”，还要作诗纪念一下，其中有诗句“薄荷时时醉，氍毹夜夜温”，意思是小猫啊，你白天随时吃了薄荷醉倒在地，晚上还要睡在暖乎乎的毛毯上，潜台词就是：“你这猫怎么不干活呢？”看来从古至今，猫主子的待遇都没什么变化。

但是，陆游搞错了一点，薄荷的气味对猫来说太刺激了，能让猫吃得醉醺醺的根本不是薄荷，而是猫薄荷。猫薄荷的叶片长得更像白苏，也就是中国罗勒，所以又叫“假苏”。我看网上有人说猫薄荷不能给人吃，这不对，因为猫薄荷有个名字叫“荆芥”，河南的朋友一看就乐了，荆芥怎么不能吃？拌上黄瓜，剁点蒜，倒上醋、蚝油、辣椒油什么的一拌，口水都要流下来了。

分不清薄荷跟猫薄荷这事，真不能怪陆游，因为他爷爷陆佃就是这么写的：“薄荷，猫之酒也。犬，虎之酒也。”陆佃也是一位奇人，他小时候家里特别穷，听说王安石要收徒，他便穿着草鞋就去了，半路被卷进洪水，被救上来以后，还是坚持要去找王安石，王安石特别感动，就收下了这个学生，并把陆佃当大弟子培养。陆佃文笔好，学问高，做官也很有威望，他说猫吃了薄荷会醉，老虎吃了狗会醉，估计很多人都不敢反对，何况是他的亲孙子陆游呢？李时珍编《本草纲目》的时候，把陆佃的奇思妙想也收了进去，但是作为一个负责任的医生，李时珍还无情地说要是被猫咬伤了，拿薄荷汁涂在伤口上倒是有效的，因为猫和薄荷正好相克。我猜，李时珍年轻时可能真信了陆老爷子的鬼话，拿正牌薄荷喂猫，被猫咬过。

治疗外伤确实是薄荷的强项，大部分薄荷都有一个共同点，就是能带来“凉感”，不管你是吃下去，还是拿来擦身子，不管气温多高，立刻就会感到凉飕飕的。这是因为薄荷里的薄荷醇能刺激人体里的 TRPM8 神经受体（一种特殊的蛋白质），这个受体也叫“寒冷与薄荷醇受体 1”。TRPM8 受刺激后会马上向神经传递信号，让那块皮肤产生被冰镇了的错觉；另外，光清凉还不够，薄荷醇还同步激活 κ 阿片受体，减少神经活动来麻痹我们的肌肉，起到局部麻醉镇痛的作用。

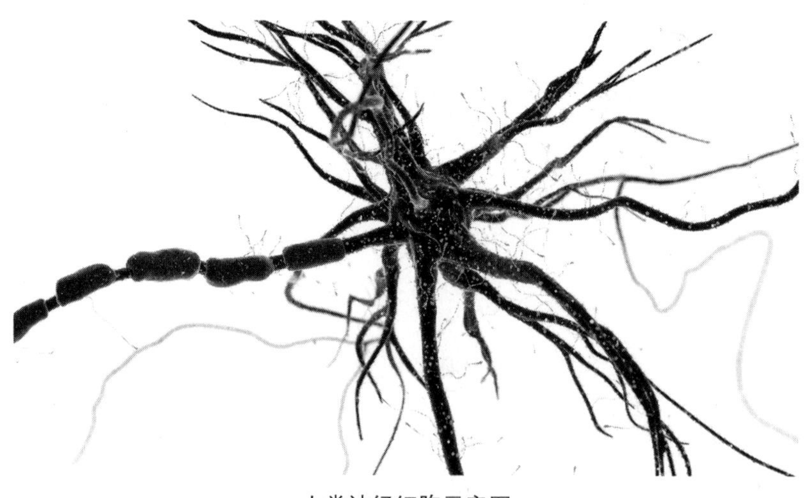

人类神经细胞示意图

不光止痛，薄荷醇还可以止痒消炎，因为薄荷醇进入血液后，能减少人体血清合成组胺和 γ 干扰素，降低发痒和炎症反应。组胺是人体免疫系统释放的一种化合物，虽然它能快速扩张血管，但是也会让我们觉得身上痒痒的。我们被蚊虫叮了后之所以会觉得痒，就是因为身体在释放组胺，这时涂上一点薄荷水，马上就没那么痒了。

薄荷还有个特点，就是“芳香”。在《长安十二时辰》里，主角张小敬和他的朋友们都喜欢嚼薄荷。古人没有牙膏，多少都会有蛀牙一类的口腔疾病，在嘴里嚼一点芳香植物祛口臭这事，在汉朝就有了，大臣们上朝时，嘴里含一颗丁香，这叫作“含香奏事”。药王孙思邈在他的医书《备急千金要方》里写过，薄荷“令人口气香洁”，所以古人嚼薄荷也是有出处的。

有人说，对啊，现在我们的牙膏、口香糖不也都是薄荷味的吗？其实，这么说的朋友，也跟陆佃陆游祖孙俩一样，被薄荷家族骗了。不信你拿起一个“薄荷味”的日用品看看，上面用小字标注的肯定不是薄荷，而是留兰香。这是因为留兰香的气味比较香甜，而且嚼着不发苦，所以直接“鸠占鹊巢”，取代了薄荷的位置，正牌薄荷反而被逐出家门，被扣了个“野薄荷”的名字，现在这种薄荷一般是做药材用，云南的朋友也会拿它做凉拌菜。

要考证中国人从什么时候开始吃薄荷有点困难，但吴国所在的江苏省是中国薄荷的原产地之一，中国本土的薄荷有一个别名就叫“苏薄荷”。薄荷亲水，好养活，在南方的河流、溪水边经常长着大片大片的野薄荷。现在苏州本地还有不少跟薄荷相关的小吃，什么薄荷饼、薄荷桃仁夹糕、薄荷猪油年糕……总之，在老苏州人的心目中，薄荷和糯米就是一对好朋友。2000多年前，孙武和他指挥的吴国大军可能也是一路吃着糯米，嚼着薄荷叶，攻进了楚国的都城。

除了薄荷，苏式绿豆汤中还有一样让人闻风丧胆的重要配料——青红丝，也就是绿色和红色的切丝的果脯。这个东西之所以让人讨厌，是因为现代工业化生产的青红丝其实是糖腌的染色萝卜丝，萝卜丝能有多好吃。传统青红丝至少应该用橘皮来腌制，除了甜，还要带一点橘子的香气。再讲究一些，青丝得是青杏果脯，红丝或者叫玫瑰丝，是用糖腌过的玫瑰。这种上等青红丝吃起来有杏和玫瑰的香气，带点酸甜，不过成本太高了，过去只有宫廷和大户人家才能吃得上，到清朝时还算一种上等点心。不管是哪种形式的青红丝，都是清朝才开始流行的。蜜饯、果脯一类的甜食也要到唐乃至宋，中国人掌握了制作白砂糖的技术，才能真正流行起来。

虽然孙武吃不上青红丝，但是它的原料杏、玫瑰、橘子都是正宗的中国货，尤其橘子还是南方特有的鲜果，所以孙武在吴国应该至少吃过其中的一两样，而且不用像自己的老乡晏子一样，感慨橘子一到淮河北岸就变得又小又苦了。

《孙子兵法》讲究“因地制宜”，今天我们吃到的苏式绿豆汤，其实也是用这几样传统的配料不断加减，才适应了大家解暑、扛饿和口味上的需求。跟别处同样的食材，通过不同的烹饪调制，在苏州人手里也能迸发出不同的鲜美滋味。从这一点来看，孙武提倡的天时、地利、人和同样渗透在吴地的美食文化里，讲究时令，讲究搭配，适应时代，正是中国美食历久弥新、不断进化的制胜之道。

第四章

老子吃过牡丹燕菜吗？

说到老子这个人，大家首先想到的大概是这些内容：老子姓李，生于春秋时期，诸子百家中道家的创始人，与庄子并称“老庄”。著有5000余字的《道德经》一部，千古传诵。其被后世尊为“太上老君”，在中国历史上乃至世界范围内，都是颇有影响力的文化名人。

扑朔迷离的身世

老子的年代距离我们过于久远，所以关于他的典故，不少介于传说与神话之间，比如指树为姓、骑牛出关、化胡为佛等等。但如果仔细研究，对于真实的老子，我们其实知道的并不多，就连前面那些最基本的信息，也都多少存在可以探讨的地方。

比如说老子的姓名问题，《史记》里对老子的记载是“姓李氏，名耳，字聃”，这可以算是最常见的说法之一。而在后来的各种记录里，老子又多了伯阳、重耳等称呼，到底这里面哪些是字、哪些是号，还是纯属后人附会，要一个个讨论起来，那就真的是引经据典，能说个几天几夜。

单说姓李这一条，近代以来也有不同的说法，比如有一派观点就认为老子姓老，李耳这个名字只是小名，被《史记》误解。也有观点认为，春秋时期，姓和氏区分开来，老子的“老”字是他的氏族名称，所以同时期的人尊称他为老子或老聃。

而关于老子姓名的说法里，民间还有一个版本。说老子是天生的圣人转世，神仙下凡，他母亲怀胎七十二年还是八十一年才生下他，这当然一生下来就老了，然后他指着当时身边的一棵李子树表示，今后他就姓这个了。这就是“指李木为姓，生而知之”这一说法的由来，至于为什么刚好是李子树，而不是桃树、梨树、苹果树，显然是先射箭，再画靶子的结果。

虽然老子指树为姓的故事只是后人附会的传说，但历史上的李姓起源，确实有可能真的是李子树本身。

与老子相关的三样经典食物

“桃养人，杏伤人，李子树下埋死人”这句俗语大致可以解读为古人认为李子性寒，不宜多吃，现代所说的李子是蔷薇科李亚科李属下的水果通称。而说起蔷薇科，这一家族的两大特产就是花和果，前者不用说，是玫瑰、月季这些，后者除了李子外，一大批我们熟悉的桃、杏、梨、草莓、樱桃、枇杷、山楂、木瓜以及苹果等等，同样都属于蔷薇科，尤其是李属下的桃、李、杏、梅这几种，更是中国古代最早被熟知的几种代表性水果之一。

中国李原产自长江流域，早在3000年前就已经被人类驯化栽种。流传下来的甲骨文里就有“李”字，对这个字的造字法到底是会意还是形声有不同的说法，但“李子”之义肯定是一早存在的，也是“李”这个汉字最早被赋予的含义之一，“李”字之后才和其他汉字一样逐渐被赋予其他的意义，包括作为姓氏。

从《诗经》开始，里面的“投我以桃，报之以李”或是“南山有杞，北山有李”，这样把李子作为果类代表的句子屡见不鲜。《黄帝内经》里更是把李子列为“五果”（桃、杏、栗、李、枣）之一，认为其主酸，是五味中酸味的代表。从这时候起，李子的地位就确立起来了，要历史有历史，要文化有文化，相关的成语典故随便就是一堆，什么桃李满天下、李代桃僵、瓜田李下等等，再比如冷门一点的道旁苦李和卖李钻核，这两个和李子有关的故事都出自同一个人——“竹林七贤”之一的王戎。

“道旁苦李”说的是王戎小时候和伙伴们在道旁见到一棵李子树，其他小孩都跑去摘李子，唯独王戎淡定地表示，路边的树上有这么多李子却没人摘，那肯定是苦的呀，事实果然和他猜的一样。“卖李钻核”则是说王戎家里后来培育出了品种很好的李子，于是每次拿去卖之前，他都吩咐一定要把李子的核钻坏，生怕别人拿回去种出来。

这两个故事也多少反映出了好的李子品种难得，虽然几千年来一直有所改良，但等到了现代，苹果、香蕉、西瓜这些更甜、更大、更廉价的水果占据主流市场后，李子的地位就一再受到挑战，近来还被自家的亲戚——个头大、颜色亮的西洋李，如黑布林、西梅这些舶来品抢了不少风头，跟以前的风光程度没法比，但是并不妨碍总有人就是好这口酸甜爽脆的感觉。

除了指树为姓，老子身上另一个更具代表性的传说是骑牛出关，这个说法也是不见于正史，是后来人再创作的结果。比如在《史记》里，提到老子的最后下落只说他弃官而去，不知所终，当然也没有提及他是怎么走的。等到了汉朝时的《列仙传》一书里，就加上了“乘青牛车去”这一句，说老子是坐着牛车出关的，再后来，到唐朝司马贞引用这段时，就彻底变成了“果乘青牛而过也”，直接出现了老子骑牛的版本。

考虑到这个时候的老子应该已经上了年纪，想来腿脚不太灵便，赶远路的话，坐个牛车、骡车什么的，倒也有可能。但骑牛这个说法之所以能广泛流传，显然是因为老子在道教里的另一个身份——“太上老君”给了更广的宣传，加上《西游记》《封神演义》等后来不断演绎，让老子的坐骑是青牛这个说法更加深入人心，连带着把青牛本身也塑造成了神仙文化的一个符号。

[明]张路绘 《老子骑牛图》

一定会有人问：为什么老子骑的是青牛，而不能是黄牛、奶牛、牦牛什么的呢？这当然可以用“五行”来解释，进而谈谈“青”这种颜色在古代文化中的意义。不过可能有一个更现实的理由是，当时的人们能骑的牛确实只有青牛。

随便找一张比较有名的

《老子骑牛图》来看，不难注意到里面老子骑的青牛形象都是统一的，即青黑色，头大而低，角弯而扁，水平分布在头的两侧，见过活水牛的朋友肯定能一眼认出来，这不就是南方水牛的特征吗？

牛对人类社会的重要性无须多言，因而各地文明都一早开始了对当地野牛的驯化，之后进一步互相传播。中国古代的家牛大体上可以分为三大类——黄牛、水牛以及牦牛，除去外表最特别的牦牛不说，黄牛和水牛两者从颜色到脾气也都有着明显的不同，甚至不能杂交产生后代，从生物学上来说，它们也是各自独立驯化而来的物种。

相对起源更为复杂的，可能是多起源的黄牛，中国古代的水牛来历相对比较简单，是从野水牛驯化而来，再具体点说，几乎都是亚种的沼泽型水牛。它的特征，除了前面说的两只扁平而弯曲的巨大牛角外，就是喜欢在水里待着，因为它皮厚汗腺不发达，要借此来散热，这也是水牛这个名字的由来。

黄牛和水牛都在几千年前被驯化，在老子生活的时代，已经普遍在各地用来耕种、运输、产奶，当然还有食用，但唯独有一条是水牛能做到而黄牛做不到的，那就是用来骑。因为黄牛的脾气烈，而且体形相对较小，被拿鞭子催着拉车已经是它的极限了，真骑上去的话，九成九是会被立刻甩下来的，而水牛不但体形大，性格温顺，较平的背部更是完全适合骑乘，小孩躺在上边也能放心睡觉。

所以在之后漫长的时间里，尽管黄牛的品种有更多改良，分布也更加广泛，更容易拿来代表“牛”的概念，但牛脾气这个特点是轻易改变不了的。不管是古代诗词还是绘画作品，描绘孩童放牛，大家可以默认是黄牛，但要说孩童骑牛，那就肯定是水牛。从这一点来说，历史上老子是不是真的骑过青牛先不说，但构思出这个故事的人起码是有实际生活经验的。

和老子有关的下一个知名故事是关于他和孔子的，两大名人曾经见面交谈。相比前面的故事，这个故事倒确实是被大多数正史所记载、承认的，只是不同版本的细节和对话有所区别。同样

[宋]戴泽绘 《牧童图》

是在《史记》有关老子的这一卷里，对这件事的描述是，孔子去拜访老子，两人交流后孔子心生感慨，表示自己知道鸟，知道鱼，知道野兽，但老子就如同传说中的龙一样，自己不能了解，并没有提及更多。后来由此衍生出孔子向老子求教，甚至干脆是拜师老子的说法，这也就逐渐和老子骑牛一样，成为民间传说里神化老子的一部分。

而关于这个故事还有一个后来经常被提到的细节，就是孔子去拜访老子时带了大雁作为见面礼。这个出处最早应该是汉代的一幅壁画，里面明确画出了这个场景，在此之前并没有什么文字提到过这一点，作者很可能是根据《礼经》里“下大夫相见以雁”

汉画像石拓片《孔子见老子》

的说法，加上了这个符合两人当时身份的礼物。

至于为什么是大雁，现实的理由有一点其实和前面的李子、水牛等类似，就是大雁同样也是古人很早认知并加以驯化的鸟类之一，而它被驯化后的产物，就是大家熟悉的大鹅。

鸡、鸭、鹅三大家禽里，鸡的祖先是原鸡，鸭的祖先之一是绿头鸭，而鹅的祖先大雁则名气更为响亮。中国古代最常见的雁类是鸿雁，其在几千年前就完成了驯化过程，被培育成了中国家鹅——一听这个名字就知道，还有其他的家鹅，如欧洲家鹅，它是由另一种灰雁驯化而来。中国家鹅和欧洲家鹅在外形上的最明显差别就是中国的大鹅保留了祖先鸿雁的那个突起肉瘤，同时脖子一般更加长而弯曲，符合“曲项向天歌”的特征，除此之外，两者都是一样的个头大、脾气差，能叫能打，当然也能吃。

相比鸡、鸭的普及程度，鹅在家禽里多少还是有点不同地位的。因为前面说的几个特点，如果多养几只鹅只是为了自己吃肉和蛋，对古代的小户人家来说，其实并不划算。要等到唐宋时期，鹅作为食材的价值不断提升，成了奢侈品的时候，才会催生出更发达的养鹅产业，也被开发出了食用之外的观赏、赌斗等多种用途，成为逢年过节走亲戚、见上司的重要礼物，在必要场合时还能替代它的祖先大雁。

对，鹅被用来代替雁这事其实在老子的年代可能就很常见了。古人观察到大雁的习性，认为这种鸟飞行时有秩序，讲礼节，同时雌雄认识后就在一起长相厮守，简直是各方面的道德楷模，所以各种礼节都规定要用大雁。但时间一长，资源匮乏，加上各地情况有差，找不到大雁的时候多了，那么就只能凑合一下用鹅来代替，甚至有时候书里出现的“雁”其实就是指的鹅。

印证这个观点的例子可以参考《庄子》里的《山木》篇，里面说庄子去拜访朋友，朋友家里有两只鹅，一只能叫，一只不能叫，仆人问要杀哪只招待客人，朋友表示那当然是杀那只不能叫的——这里的原文是“命竖子杀雁而烹之”，显然不太像是朋友家里养了两只大雁，是大鹅的可能性更大。后人对这段注释时，更是直接说这里的大雁就是大鹅。

庄子和老子生活的年代相去不是很远，当时雁鹅混用的说法就很常见了，之后民间更是光明正大地把鹅拿来当成雁的替代品，就连朝廷祭祀的时候都免不了要凑合，或者就拿古人给自己“背书”，认为雁与鹅本来就是一家人，不必区分。所以历史上的孔子去见老子时，也存在这样的可能——他其实是提着大鹅去的，至于老子收下后是烤着吃、煮着吃，还是拿来一锅乱炖，这就是我们没法知道的了。

李子、水牛、大鹅这几样看起来都能吃且好吃的东西，也确实都可能和老子有过交集。不过要进一步分析一下历史上的老子可能吃过些什么，我们还是得结合文字加想象来推断。就和孔子是美食家这个说法要从《论语》里找证据一样，翻一翻《道德经》，里面提到的老子对饮食的看法，最有名的大概是那句“治大国若烹小鲜”。这句话的字面意思似乎不难理解，就是用烹饪的方式来比喻治国手段，但有趣的是，后人因为这句话发生过多次争论，就是以“烹小鲜”到底要注意什么，反过来推断如何才能“治大国”。

首先这句话里的“小鲜”指的是什么，大多数人认为就是小鱼，有些版本还将其直接注解成“小鳞”或者“小腥”，少数人则认为是小菜的泛指，但主流还是在前者的基础上讨论小鱼的做法，而这又诞生出两种观点：一派认为这里说的是做鱼要注重调料比例，油盐酱醋必须搭配适当，哪个过度都会破坏味道的平衡；另一派则认为这里强调的是小鱼下锅后不能翻动，否则就容易碎掉，厨师只要在旁边观察火候就好。

这两种说法在不同朝代有各自的支持者，同样也有和稀泥的人认为这两种说法其实可以并存。而如果单从烹饪的角度来说，后者似乎更关键一些，一般所谓小鱼，可能只有手指那么长，古代平民的做法经常是几条一起下锅，既不去鳞，也不去除内脏，不管是煎还是煮，翻几下可能就碎成肉渣了，老子能注意到这一点，显然是懂得生活的，说不定还亲身经历过才有如此感触……

除了最有名的这句外，《道德经》有关饮食的文字大都反映出老子的道家观点，比如“味无味”“五味令人口爽”“圣人为腹不为目”这几句，核心观点都是强调吃的东西就是用来吃的，不要整那么多花里胡哨的，食材的本来味道才是最好的——“五味令人口爽”，这句里的“口爽”，意思当然不是吃个爽快，而是味觉失灵。

在老子生活的年代，不要说味精、酱油，辣椒都还远在美洲大陆。所谓“五味”放到现代人被重口味养惯了的舌头上，可能感觉也都是“无味”。现实中，老子到底是上了年纪才主张清淡口味，还是吃过了大鱼大肉之后才领悟到平淡是真，我们当然无从知晓，不过结合老子的生平，他可能会对接下来我们要说的一道或者说是一系列菜产生兴趣。

如前面所说，老子的籍贯和老子的姓名一样，存在着不少争议。《史记》里说老子是“楚苦县厉乡曲仁里人”，认为老子是楚国人，但司马迁对此也不确信，同时期就有人引庄子等人的观点，认为老子是陈国人——这个问题的本质在于苦县这地方在春秋时期原本属于陈国，之后属于楚国。老子生活的年代不详，各种说法前后差了近百年，自然没法准确判断老子是哪个时期的。而苦县这个地方在秦国统一后被废除了，秦属陈郡，西汉时归淮阳国统辖，东汉时，淮阳国改名为陈国，苦县属陈国，东晋咸康三年（337 年）改名谷阳，其具体遗址在哪里也存在争议。

比起老子的出生地点，老子工作的地方则是比较明确的，“周守藏室之史也”，说的是老子长期在当时的周朝担任掌管国家文物典籍的史官，而这个地点理所当然就是首都洛邑，也就是今天的河南洛阳。而提到洛阳的饮食文化，那么有一个我们大家就算没吃过，也听过名字的，那就是洛阳水席。

洛阳水席的由来

说起洛阳水席，大多数人可能只是听过这个名字，具体有哪些菜就未必清楚。按照洛阳市当地起草的规范，现代的标准版洛阳水席包括：前八品（八个凉菜）、四镇桌（四道代表性菜肴）、八中件（八个热菜）、四扫尾（四个小件热菜），共计二十四道菜。至于具体材料，根据高、中、低档不同，上至海参鱼翅，下至白菜粉条，都在候选范围，而最具代表性的菜肴，比如“牡丹燕菜”则一定会在名单里。

洛阳水席一般被认为是受当地环境影响而形成的。自古以来，洛阳气候干而冷，水果种类偏少，因此民间习惯用当地产出的萝卜、白菜等蔬菜制作经济实惠、汤水丰盛的菜肴，再调和酸辣口味来抵御干冷的气候，久而久之，就逐渐形成了“酸辣味殊，清爽利口”的洛阳水席。所谓“水席”，有两重含义：一是里面的热菜都有汤水；二是上菜用的是流水席，吃完一道后，马上再来一道。

而提到有关洛阳水席的故事，又离不开传说中唐朝时它和武则天的关系。据说武则天称帝之后，为了显示自己的正当性，下令民间各地献上“祥瑞”。有一年，洛阳东关外的地里长出了一个特大号的萝卜，于是也被当地官府拿来献给朝廷。武则天见到这个大萝卜后，就吩咐厨房把它做成菜肴献上，御厨为了把萝卜做出新意，苦思之下，将它精雕细刻，再配上各种名贵食材，做成了一道御膳风味的汤菜。武则天品尝之后，很是满意，看到萝卜切丝加工后颇似燕窝，于是赐名为“假燕菜”，之后“燕菜”就成为洛阳水席的一道代表菜。

1973年，周恩来总理陪同加拿大总理特鲁多到洛阳访问，这位特鲁多总理的全名为皮埃尔·特鲁多，他的儿子就是现在的加拿大总理贾斯廷·特鲁多。负责此次接待的饭店在燕菜上特意加上了一朵牡丹花，这朵花是用鸡蛋摊成蛋皮，再剪成花瓣的形状，层叠摆放而成的，比原来红绿白配色的燕菜显得更加华贵，周总理看到后大为欣赏，称赞说“洛阳牡丹甲天下，菜中也能生出牡丹花来”，洛阳燕菜就此又多了一个“牡丹燕菜”的美名。

牡丹燕菜的名字来历看着很清晰，但它最早是不是起源于唐朝，再具体点，到底是不是因为武则天而诞生，就只能说听听就好，毕竟正经点的史料里压根就不会对此有所记载，连这个说法最早什么时候被传开都很难考证了。相比之下，武则天和洛阳另一名产——牡丹之间的故事虽然听起来更加荒唐，但反而更容易梳理来龙去脉。

相传某一年的腊月，武则天酒后兴起，要看寒冬时百花齐放的盛景，于是颁下圣旨，命令百花限期开放，结果到了第二天，其他花朵果然被迫盛开，只有牡丹毫无反应。武则天一怒之下，将园子里的牡丹全部用火炙烤，然后发配洛阳。从此洛阳牡丹天下闻名，更多了一个名为“枯枝牡丹”的新品种，花开之时，枝叶枯萎而花朵艳丽，两者相映成趣。

对这段传说最详细的描写无疑出自清朝李汝珍的小说《镜花缘》，整部书就是以此为引子而开始的。而更早的时候，明朝经典故事集“三言二拍”中《醒世恒言》里被收录进语文课本的《灌园叟晚逢仙女》，也明确提到了这个典故。再往前找，北宋高承编写过一本《事物纪原》，专门收录当时各项事物的起源，里面提到“一说武后冬月游后苑，花俱开，而牡丹独迟，遂贬于洛阳”，说明这个说法当时已经广泛流传了。

历史上《全唐诗》里确实收录了武则天写的一首诗《腊日宣诏幸上苑》：“明朝游上苑，火急报春知。花须连夜发，莫待晓风吹。”这口气听起来确实和上面故事里说的内容一致，是名副其实的催花诗。宋代计有功的《唐诗纪事》里则对此描述为：有人打算借百花齐放的名义欺骗武则天前往上苑赏花，借机胁迫她退位。结果武则天早有察觉，写下这首诗震慑群臣，而上苑当天居然真的在寒冬腊月百花盛开，让大家更加相信武则天乃是天命所归，不敢有异心。

抛开这些说法里不科学的部分，整件事的真相更接近一次政治博弈。武则天反过来利用对方的阴谋为自己造势，百花齐放到底是人为的，还是巧合，抑或压根就是夸大其词，其本身并不重要。洛阳牡丹只是在这个基础上进一步为其增加细节，而历史上的武则天确实在很长一段时间里都对祥瑞一类的事物来者不拒，照单全收，比如有人用红漆在乌龟肚子上写吉祥话拍马屁，然后硬说这是天生的，被拆穿后，她也只是一笑而过，并不追究责任。

武则天在位用过的十来个年号里，大部分是如意、长寿、神功这些吉祥词，而唯独有一个“大足”看起来最奇怪，它源自一场在今天看来摆明是骗局的把戏。

那一年，武则天 78 岁，哪怕在现代也算是高龄。当时的司刑寺里面关着三百多名等待处决的囚犯，秋分过后，无事可做，有人在监狱外侧的墙角做成一个巨大的脚印，“作圣人迹长五尺”，然后半夜集体大喊，说昨天夜里见到一个身高三丈的巨人对他们说：“你们这些犯人都是冤枉的，不用忧虑。当今天子能活一万年，知道真相后就会赦免你们。”武则天知道这件事后就大赦天下，并把年号改为“大足”。

几百人合谋印上圣人的脚印就能免罪，《太平广记》里记录的这段故事比民间传说还要神奇，所以也有人认定这同样是一场政治层面的阴谋，武则天何尝不知道这件事本身是作假，只是同样不说破，利用这个来维护自己的统治。对比之下，有一个真材实料的特大号萝卜送上去，然后被做成一道流传下来的名菜，听上去倒是更为可信些。总之，不管历史上的牡丹燕菜到底是不是起源于唐朝时期，它距离老子那个年代都还有着漫长的时间，要想让这两者之间发生点什么，还是得从实际角度看一看。

今天的牡丹燕菜在做法上与古时大同小异，这里随便贴一段从网上找来的版本给大家看一看：将白萝卜切成细丝，用水浸泡，控干后拌上好的绿豆粉芡，上笼稍蒸后，放入凉水中抖散，捞出洒上盐水，再摆好蒸成颇似燕窝的形状，之后配以蟹肉、海参、火腿、笋丝等物再次上笼蒸透，然后以清汤加盐、味精、胡椒粉、香油浇上即成。

说到这里，可能有些人会感到疑惑，为什么要用萝卜来特意假冒燕窝，这两者之间有什么必然联系吗？答案是，可能确实没什么联系，甚至在唐朝时到底有没有吃燕窝的习惯都很难说。中国食用燕窝的最早文字记载之一是元代贾铭的《饮食须知》，书中提到“燕窝味甘，性平。黄黑霉烂者有毒，勿食”。要到明清时，尤其是清朝开始，富贵人家才将燕窝视为营养补品，所以多少也能证明洛阳水席的真正起源，起码这个说法大概只会更晚……

燕窝之所以名贵，一大原因是其难得，并不是随便什么燕子筑的巢都能当燕窝，房檐下那种混着泥土、稻草的“燕窝”显然不像是能吃的。真正意义上的食用燕窝限定在雨燕目下金丝燕这种鸟类的巢穴，其在分类上和家燕所属的雀形目已经是两个区别很大的种类，反而和蜂鸟的关系更亲近一些。在材料上，金丝燕是用自己发达的唾液腺分泌出来的唾液与纤细海藻、羽绒、柔软植物纤维等混杂，于崖洞等处筑成的巢窝，不但产量稀少，采摘也困难，年产量达到数百只就是古代条件下的极限，这在客观上进一步促成了天然燕窝的名贵。

所以不谈味道、口感或是营养这些方面，单从观感来看，萝卜和燕窝相似的地方大概只有外形和颜色。如果对燕窝不了解的人第一眼看到其外形，确实可能会误认为是萝卜丝或者粉丝，而一般认为不经过漂白处理，天然呈现象牙白色的燕窝品相更好。至于颜色最特别的“血燕窝”，虽然传说是金丝燕呕出自己的血造成，最为珍贵有营养，但如果不是人为的染色处理，燕窝会呈现红色的原因被认为主要是燕窝所处的环境中空气、湿度以及岩石中的矿物质等共同作用的结果，尤其是当洞壁含有铁矿物质时机会更大。我们食用这种燕窝补一补铁还是有可能的，别的就不要想太多了。

具体配菜上可能还有差别，主菜已经决定了必须是那个假冒燕窝的萝卜，而相比燕窝，萝卜这东西至少有一点好处，那就是它在中国历史上很早就存在，虽然原产地到底是哪里这点还不确定，但起码早在几千年前，古人就知道野生的萝卜可以食用。不过至少在春秋时期，当时的萝卜应该还是不叫萝卜的，当时它比较通用的名字应该是芦菔（芦葩）或莱菔。宋代邢昺注《尔雅》曰“一名芦菔，今谓之萝卜是也”，而明朝的《本草纲目》里则说得更清楚："莱菔乃根名，上古谓之芦葩，中古转为莱菔，后世讹为萝卜。"

至于萝卜是从什么时候起有了这个名字，根据《康熙字典》里的说法，是"秦人名萝卜"，其认为这个词是秦朝统一文字后从读音转写而来。事实上，这方面还有一个更加大胆而有趣的猜测，就是"萝卜"这个词甚至有可能是彻底的音译。其理由之一就是在大多欧洲语言所属的印欧语系里，"萝卜"这个单词的发音类似"ruo bo"，而这个发音又可以追溯到更早的古巴比伦时期，至于这中间到底是哪一种语言影响了另一种语言，抑或是两边的发音都受一个共同起源所影响，则又是一个值得讨论的话题了。

而从植物学上的定义来说，今天我们说的萝卜是十字花科萝卜属下植物的统称，主要食用部分是膨大的根茎，颜色有红，有白，有青，形状有长，有扁，有圆；做法上花样百出，炖着吃，煮着吃，腌成咸菜吃，追求原味的还可以生啃。但在老子生活的年代，对萝卜的做法，乃至品种上恐怕是没有什么可挑选的余地的，甚至可能吃到的萝卜也不见得是现代定义下的萝卜，而是和它的近亲或远亲等混在一起。

前面说了，萝卜属于十字花科，而这一科门下除了萝卜，还有个在蔬菜方面更加知名的芸薹属，以白菜为首的诸多代表性青菜都出自这一支，而这当中还有一个各方面都和萝卜极为相似的远房亲戚——芜菁，挑两者长得像的部分放在一起比较，大部分人一眼看过去可能都看不出区别，更不用说几千年前的古人。《诗经·邶风·谷风》中有诗句“采葑采菲，无以下体”，里面所提到的“葑”和“菲”这两种植物，前者指的就是芜菁，后者则没有定论，也有说法认为菲就是萝卜。而这两句诗的意思则是，这两种植物可吃的部分有上面的叶和下面的根，不应该因为一部分难吃而抛弃整体。

芸薹属植物之所以在全世界范围内是广泛栽培的蔬菜的来源，一个很重要的因素就是它们的叶、种子以及根茎都能食用并被改良，比如白菜、油菜、芥菜疙瘩就是分别在这三个方向上培育的结果。而最原始的芜菁，以及萝卜，也具备这个特性。在当时本身就没有多少蔬菜可供选择的情况下，不管是芜菁还是萝卜，如果在野外见到了，肯定是全部打包带走，上边叶子要吃，下边根茎也要吃，吃着吃着，就逐渐诞生出了根茎更加膨大、口味更加浓厚的品种。也正是在这个培育过程中，萝卜开始取代芜菁，成为更加广泛栽培的蔬菜。

根据《齐民要术》的记载，在南北朝时期，黄河流域已经产生了成熟的萝卜栽培与管理办法，也是在这一阶段，萝卜在名字上逐渐和芜菁等类似的植物区分开，有了自己单独的历史。早期的萝卜限定农历六七月播耕，十月采收，唐代后期开始出现短时间内生长，一个夏季内完成采收的品种。等到宋元时期，生长时间更短的春种也已经出现，之后进一步演变成现在俗称的水萝卜或春萝卜，《农桑辑要》里则明确区分为“大萝卜，初伏种之。水萝卜，末伏种”。明清时期，水萝卜已经作为时令生鲜，广泛在北方贩卖，因而有了“萝卜赛梨”的说法，这是称赞个头不大、口感生脆、汁液甘甜的水萝卜可以充当穷人家的廉价水果。

而传统的秋种冬收的萝卜则向着另一个方向发展。外观上，北宋宋祁有一篇《绿萝卜赞》写道：“类则温菘，根端绿色。”可见，到了北宋时期已经出现根端为绿色的萝卜。到了元代，农书中明确记载有外观为红皮的萝卜，明朝泰州地方志中记录的萝卜更是有多种颜色，红皮白心、绿皮紫心等不同组合都有出现。而个头上也出现巨大的品种，根部最长可达近尺，10 斤左右的萝卜也并不罕见，现代的记录里常有 40 斤以上的记载。如果在唐朝时有这样大号的萝卜，形状上又不那么稀奇古怪，那么确实可能会被当成祥瑞献上去。

至于有着萝卜之名的另一款今天常见的蔬菜——胡萝卜，则与萝卜根本不是一家人，在植物学的分类上，胡萝卜是伞形科胡萝卜属。从它名字中的“胡”不难看出，它也不是我国土生土长的植物。《本草纲目》里对此说得明白：“元时始自胡地来，气味微似萝卜，故名。”野生胡萝卜的发源地是今天的阿富汗一带，其被驯化后，从 10 世纪左右开始，陆续传入欧洲大陆和中国。

有趣的是，当胡萝卜通过中国再传到日本后，日语里最初因为胡萝卜的根部像人参，叶子像芹菜，于是便给它起名为“芹人参”。但随着胡萝卜在日本成为一种主要蔬菜，“芹人参”这个称呼就逐渐被简化成了“人参”，以至于现代日语里的“人参”一词已经反客为主，一般优先指的就是胡萝卜，真正的人参在日语里反而要加上其他前缀来区别。至于日语里的萝卜，则有一个更为朴实刚健的汉字写法——“大根”，相信大家在与日本料理有关的场合多少都有见过。

不管是李子、水牛、大雁，还是牡丹、燕窝、萝卜，在老子生活的年代，这些作为美食材料，都还没有诞生出后来的丰富含义及文化典故，老子和洛阳水席之间的联系，终究还是只能靠我们来幻想，从而填补空白。

其实这和老子本身的存在一样，司马迁在《史记》里尚且没法确定其生平，只能含糊地说或许就是此人。而我们今天对他的了解是从《道德经》也好，是从道家或道教也好，抑或是从有关他的各种传说也好，这些都是我们五千年文明的一部分。从这个角度来看，当我们听说过这些后，不管是老子，还是洛阳水席，能从中了解些什么有趣、有用、有新意的知识就是最大的意义了。

第五章

扁鹊吃过腊汁肉夹馍吗？

“张老师，您说扁鹊他吃过腊汁肉夹馍没有？”

我愣了一下，第一反应是：“不知道。我从来没想过这个问题。”

扁鹊和肉夹馍除了都含有肉之外还有哪门子关系啊？

经过一番讨论之后，我发现二者竟然真有一些微妙的联系……

1. 扁鹊去过秦国；

2. 扁鹊死于秦国；

3. 扁鹊姓秦。

既然扁鹊和大秦如此有缘，不请他代言一下肉夹馍、羊肉泡馍什么的，简直对不起“秦”这个字不是吗？

因此，我们应该从扁鹊为何许人也说起。

扁鹊到底是谁?

扁鹊，战国时期的大医生，先秦医家代表人物，留下过无数令人震惊的医疗奇迹。他被后世尊为医神乃至医祖，与华佗、张仲景、李时珍并称中国古代四大名医——有些版本还会把药王孙思邈加进去，凑个五大。

然而无论并称四大还是五大，仔细推敲之下，我们总能发现，其实其中有点问题。

相信大多数人尤其是我们这辈人，对于扁鹊最初的认知与了解多半来自那篇曾经入选初中课本并需要“朗读并背诵全文”的《扁鹊见蔡桓公》。我当时还在寻思，为什么天底下会有蔡桓公这么傻的人呢？人家都说了你这是病，得治！结果蔡桓公头铁[1]三连——老子没病！你才有病！给寡人滚！把神医活活气跑了，随后自己也一命呜呼。然而，随着年纪渐长，每当必须面对医院黑洞洞的大门和不断刷新自己认知下限的“莆田系”新闻的时候，多少也能够理解蔡桓公当时狐疑抗拒的心态了……人们都不乐意面

① 网络流行语，指人固执、倔强、顽固不化。

对自己身体不再年轻并有可能已经千疮百孔的事实，这也是人性使然呀。

《扁鹊见蔡桓公》这个典故最早出自《韩非子·喻老》，这个故事后来也被载入了《史记》。只不过韩非子笔下的这个“蔡桓公”，历史上并无此人——不完全排除是韩非写小作文时没有认真查资料而犯下的张冠李戴的错误，或是韩非比较有媒体道德，希望保护当事人隐私而故意将其真名隐去。按照历史学家的观点，这位“蔡桓公”更有可能是《史记》中和蔡桓公之死几乎是同一模板的齐桓侯田午（史书为了区分他和“春秋五霸”之一的齐桓公姜小白，一般称之为“田齐桓公”）。齐桓侯于公元前357年前后去世。也就是说，“扁鹊过齐，齐桓侯客之”就是发生在这个时间。然而，同为《史记》所记载的，扁鹊先是在公元前655年之前就带领一众弟子为虢国太子看病，又在公元前500年左右给晋国重臣赵简子赵鞅看过病，而扁鹊去世的时间则是在给秦武王看病后的公元前310年左右。

这个……扁鹊到底活了多久？保守估算也有300年吧。

长寿这件事在地大物博“活久见”的中国历史中倒也算不上十分稀罕。传说中活了800余岁（一说767岁）的彭铿（彭祖），过于古早且已经被分类为神话人物就不说了。史载唐朝福建有个叫陈俊的人，人称“小彭祖”，从唐朝活到了元朝——这还不算完，更神的是，这个人越活身体越小，最后小到不足5斤，只能用个菜篮子装着他，所以他又被尊为“菜篮公”，并且被村民们“喂以人乳”，滋滋润润地活了 444 岁，这也算东方版的《本杰明·巴顿奇事》了。北宋著名的内丹学专家、被道家尊为希夷祖师的陈抟，大约活了 119 岁。这位有个特点，就是特能睡，一次能睡个 100 多天，人称睡仙——当然，这对我们不会冬眠的普通人类来说也没啥参考价值。至于生卒年不详的“通微显化真人”张三丰，生于南宋，在元朝当过官，留下一个死而复生的神迹。到了明朝，朱棣还为他修宫发请柬，包括朱棣在内的一堆皇帝想请他出山传授一下大复活术——虽然没人说得清他什么时候去世的，但保守估计张真人也得活了 200 岁以上。还有一位提名人选，就是为马伯庸老师贡献了一部《食南之徒》的人物——南越武帝赵佗。这位是中国历史上最长寿的君王，凭借岭南的地理优势和当时世界最强的大汉帝国抗衡，及他约 104 岁去世时，中原不但改朝换代，连皇帝都换了 9 轮了。这从侧面说明长寿首先得吃得好——番禺（今广州）有那么多美食瓜果，换作我也能待 100 年；其次，要生活在一个别人“卷”不着也“卷”不动的环境下才行。

领教了这些中国著名人瑞，扁鹊作为一位神医，活个几百岁似乎也说得过去。而且更有些迹象显示，早在轩辕黄帝时代，就曾出现过扁鹊这么一个人了。

根据曲阜孔庙收藏的汉代画像石《扁鹊行医图》来看，那个正在给病患治疗的医生，根本就不是一个人，而真的是一只“鹊”——一只长着四肢和双翼的人面鸟（而且还有一个细节——

他的弟子身上也皆有鸟翼）。扁鹊要是真的长成这样，结合他不可思议的医疗奇迹，那他要么是个好心的外星人，要么就是世界各国神话里皆出现过的有翼人种族，要么可能是我国知名古神九天玄女下凡吧……

鉴于扁鹊的年龄问题，还有诸多出离常识的行医记载（但都始终难以让现代学界信服），所以现在获得较多认同的结论是：扁鹊并非某个人的名字，它更像是一个历史悠久的职称，是对某一集团中达到某一领域极致的杰出者的尊称，且具有传承性质。有一种说法认为，扁者，砭也，而砭是古医针灸用的砭石，代表医生；鹊者，喜鹊也，取“灵鹊兆喜”之意，即报告好消息。因此扁鹊即“砭鹊”，就是无论走到哪里都带来好消息的神医。另一种说法是，所谓扁鹊，更可能是一个以扁鹊为核心，由他和其弟子共同组成的周游列国四处行医的医疗团队。

因此，如果把扁鹊和华佗、张仲景、李时珍并称中国古代四大名医，就相当于说华山五绝分别是黄药师、欧阳锋、一灯、洪七公以及少林寺方丈一样奇怪。

然而这样一来，论证“扁鹊”有没有吃过肉夹馍似乎难上加难了。那不如就把《史记》上记载的“最后一代扁鹊”作为我们今天的研究对象。

这是一位有名有姓的扁鹊，他的名字叫秦越人。[①]

---

①《史记·扁鹊仓公列传》曰：“扁鹊者，勃海郡鄚人也，姓秦氏，名越人。”

扁鹊的医术有多厉害？

《扁鹊见蔡桓公》里那种远远瞅几眼就能预知生死的这里就不赘述了，我们举几个别的例子。这些医疗案例不要说已经完全脱离了我们对先秦医疗水平的普遍认知，甚至能让各种现代医学自惭形秽，基本已经到了超能力的地步。放到西方中世纪，妥妥是能载入圣典的神迹……

在《列子·汤问》中曾记载了一次伟大的心脏移植外科手术，主刀医师正是扁鹊。与之伴随的还有一场大约2300年前的医闹事件。

事情是这样的，有一天，扁鹊诊所来了两位患者就诊，一位是来自鲁国的公扈，另一位是来自赵国的齐婴。扁鹊轻轻松松就治愈了二人的疾病。待到公扈和齐婴要告辞的时候，扁鹊突然表示："你们以往的疾病，是由于外界风邪侵扰脏腑，本是用药物、针石就可治愈的。然而你们身体里面还存有内因，随着身体的生长而发展，现在我来为你们治疗，怎么样？"二人说："我们想先听听这病的症状。"扁鹊就说："公扈你这个人，志强而气弱，所以你善于谋略却缺乏决断。齐婴则相反，志弱而气强，因此你特别乾纲独断而智商欠缺。这两样都对身体很不好哇。如今我有个妙计，可以帮你们根治……"二人连忙追问是何妙计。扁鹊哈哈一笑："我把你们二人的心脏互换一下，如此一来，你们的身体缺陷就能互补啦！"

面对这么一个可以和"曹丞相劈脑取虫"匹敌的划时代治疗方

案，一般患者无论是当场赏扁鹊几个耳刮子，还是直接将他扭送到衙门，想必都是情有可原的。遇到位高权重一点的患者，可能直接就把提案人推出去剁了。但万万没想到的是，公扈和齐婴这俩憨憨居然二话不说立刻同意了！

说干就干，扁鹊先是给两人灌下药酒，直接让他们三天不省人事（注意：这比华佗的麻沸散还早500多年！），其间，“剖胸探心，易而置之”——简单八个字，轻描淡写就完成了现代医学也不敢挑战的双人同时换心手术。换完了，再给两人投喂了一种不知名的“神药”。两人当场苏醒，然后活蹦乱跳，恢复如常，道谢回家。

谁知回家以后，立马出现了一个大问题——回到齐婴家的人是公扈，那边跑去公扈家的，是齐婴，并且他们都认为自己没走错家门……

这下可好，不光是心脏，连人格，连灵魂都互换了啊！对于这种情况，扁鹊既没有履行术前告知义务，也没有经过家属同意签字，真的好吗？

面对这种史无前例的重大医疗事故，最先不干的，自然是两位患者的家属，尤其是他们的老婆：“你找谁呀？你进我家做什么？怎么还对我动手动脚的呢？报官了啊！”

于是没过多久，被指控流氓罪的两位被告——公扈和齐婴，还有他们两人哭得梨花带雨的老婆——她们是原告，再次在衙门跟造成这一切的元凶——扁鹊齐聚一堂。在扁鹊解释了事情的原委之后，医闹事件总算得以平息。至于两家具体是怎么和解的，究竟是双方妻子最终接受了相貌、身材完全不同的相公，还是一不做二不休，连老婆也一起换了？我也很在意，可惜《列子·汤问》里没有记载。

1967年，南非外科医生克里斯蒂安·巴纳德在开普敦的格罗特·舒尔医院进行了世界首例人体心脏移植手术——这场手术是有影像记录和详细医疗报告的。而且，尽管手术本身是成功的，可患者十八天后还是因为肺炎去世了。以20世纪的医疗卫生条件和器械水平，这个成果已经属于惊天突破，巴纳德医生也一跃成为世界外科权威。

至于扁鹊这个案例，抛开《聊斋志异》里常见的灵魂互换桥段不提，不仅徒手换心，还一次换俩，没有任何术后恢复过程，患者当场下床满血复活。如果确有其事，这已经不是领先国外多少年层面的问题了……恐怕更应该讨论外星人或超能力是否真实存在。

此外，《史记》中还记载了一个很神的案例，有多神呢？它为《中华成语大词典》贡献了一个成语——“起死回生”，够直白吧？

书中说有一次，扁鹊路过虢国——成语“唇亡齿寒”里代表“唇”的那个小虢国——发现这里正在举国演奏哀乐，于是就来到虢国王宫前了解情况，原来虢国的太子刚刚暴毙。太子侍从就跟扁鹊描述了一长串听起来很邪乎的死因，以便把自己择得干干净净。关键信息是：太子是鸡鸣时分气绝身亡的。现在过去还不到半天，还没来得及入殓。

扁鹊当即表示："请把太子交给我，我有办法让他复活。"太子侍从不信："别逗我了，除非你是太古神医俞跗再世，否则绝不可能！"扁鹊冷笑一声："井底之蛙了不是？我的治疗方法已经无须常规的望闻问切了。我光凭疾病的外在表现就能推知内因，光是根据描述就能为千里之外的病人诊断啊。"

扁鹊说罢，便进宫去检视太子，看上去，太子确实已经凉了，也没气了。然而扁鹊伸手摸了摸太子的腿间，发现还有一丝丝余温。于是扁鹊就让弟子们磨砺针石，用针在太子的三阳五会之处扎了下去，并拿出剂量五分的药熨，交替在太子两胁下熨敷……不一会儿，太子真的坐起来了！扁鹊又开了二十天的汤剂，帮助太子调和阴阳，二十天后，太子即可恢复如常。

不得不说啊，这场面描写像极了《李尸朝鲜》（又名《王国》）片头里把国王复活成丧尸的秘法仪式……但好歹扁鹊这次有一个恢复疗程，比起即插即用的"换心手术"更能让人信服。至于复活的太子后来怎么样了，活了多久，咬人没有，我很关心，但《史记》里没有写。

不过，这个故事里有一个细节非常值得我们注意，那就是扁鹊明确声称他看病的方式和别的医生不一样，甚至可以"不待切脉、望色、听声、写形"就能下诊断。

这个能力……确实有点超纲了，那他究竟是怎么做到的呢？

我们从《史记·扁鹊仓公列传》中可以了解到扁鹊（秦越人）的传奇从医经历，并从中找到答案。

秦越人并非出身于医疗世家，而是半路出家走上悬壶济世的道路的。他原本是勃海郡鄚地人，年轻时的职业是“舍长”——可以理解为招待所或者客栈的管理人。有一天，他遇到了一位名为长桑君的老先生留宿，不知为何，客栈里的其他人都不觉得长桑君有何异相，唯独秦越人觉得这老头肯定是个世外高人。于是秦越人对这位老先生毕恭毕敬，把他伺候得服服帖帖。就这样春去秋来，十多年之后的某一天，老先生神神秘秘地把秦越人喊到自己房里，对他说：“我有一身秘藏的绝学，但我已经活不久啦。小哥我看你骨骼清奇，不是凡人，决定把这些绝学秘传于你，但你切不可泄露出去。”说罢拿出某种小药丸，并交代了使用说明：“此药每天用‘上池之水’服下，连续服用三十天，你就会拥有神奇的能力了。”

说罢，老先生又像《功夫》中的老乞丐那样拿出一堆秘传书，一股脑塞给秦越人，然后他就啪的一下消失了。

于是秦越人按照老人的嘱托，用“上池之水”服药三十天——这个“上池之水”又是什么呢？一种说法是清晨草木上的露水。如同金庸笔下的九花玉露丸那样，灵丹妙药通常都有一个异常烦琐的制作和使用流程，尤其是“收集某日某时某刻的花草甘露”这一步往往不可或缺，以挑战人类耐心极限来凸显其稀缺性。秦越人连喝了三十天这种神药后，身体发生了不可思议的异变——他的眼睛居然能隔墙睹物了。望一眼就能看穿人的五脏六腑，并且能明了内脏的病变，看透万物本质——好，这下得到超能力了——从此一个资深客栈经理摇身一变，成了“神医”，中华大地上也多了一台名为扁鹊的全自动彩超机。据说，扁鹊为病人切脉之类的行为，只是他用来隐藏超能力的幌子（特以诊脉为名耳），为了让他看起来更像个传统老中医而已。

所以，扁鹊的从医经历简单来说就是：压根没有受过传统的中医培训，而是采用一种金庸武侠式的主角模板，通过不断做好人好事，尤其是善待老人、儿童，在机缘巧合下遇见世外高人，被传授一套其他人没听说过的天书秘籍，得到改变命运的机会，从此称霸杏林。这种模板也多见于劝人为善、吃亏是福的中国民间故事中。

假如我是蔡桓公，若是听说了扁鹊此种来历，怕是也不太敢信他。

另外，从这个故事被司马迁听说且写在史书里让人人皆知这一事实来看，扁鹊最后还是没能够守住秘密嘛。

不管怎样，因为“起死回生”的事迹，扁鹊声名大振，包括赵简子、魏文侯等越来越多的权贵人士慕名来体检。然而扁鹊医德高尚，对贵族和平民一视同仁。扁鹊周游列国的同时，很懂得入乡随俗，见机行事，情商极高。他初来邯郸时，听闻当地人比较尊重妇女，就专注做妇科医生；到洛阳时，素闻周人敬爱老人，就做专治耳聋、眼花、四肢麻痹的医生；到了咸阳，发现秦人喜欢小孩子，就将看儿科疾病作为主要方略……就这样，扁鹊随着各地习俗来改变自己的行医方针，广受当地人民欢迎，名望也越来越高。

然而人怕出名猪怕壮，扁鹊天下无敌的医术却也成为他的死因。

那么扁鹊是怎么死的？

扁鹊的最后一次医疗记录，是受邀入秦。

这一次，他的患者是秦武王，其名叫嬴荡。

一般来说，谥号带"武"字的，像周武王、汉武帝、光武帝、魏武帝等等，历史上大抵都是响当当的人物。然而这位秦武王是个例外。

平心而论，嬴荡也算个很有意思的国君：在治国理政方面确实建树有限，在中华五千年作死排行榜上却名列前茅。嬴荡身高体壮，体力和智力的比例约为100∶1，是一位肌肉与力量的绝对狂信者，爱好是在中华全境聚集各种大力士并不断溺爱他们，最著名的事迹是和他最喜爱的大力士比赛举重——然后不幸翻车，死掉。

相比奥林匹克运动会，春秋战国时期的举重运动应该还不是特别规范，尤其是使用的器材方面，没有可以灵活调整重量的杠

后母戊鼎

铃可用。人们比力气一般都喜欢使用一件较重的青铜器——其中最常用的就是鼎。《史记》记载，西楚霸王项羽“力能扛鼎”，说明举起这玩意对武人而言，相当于一个“天生神力”“天下无双”之类的特别荣誉标签。

但是鼎这个东西，无论从形状还是大小来看，都不太适合我们今天惯常的挺举或抓举。我国最具代表性的青铜大鼎——商代的后母戊鼎，重达 832.84 公斤。周代的淳化大鼎较轻，也有 226 公斤。顺便一提，今天的举重世界纪录是格鲁吉亚人拉沙·塔拉哈泽 2021 年创下的挺举 267 公斤。按道理，这基本就是现代人类的极限了。而《史记》中记载秦武王嬴荡想要挑战的，则是传说中的大禹“九鼎”之一——龙文赤鼎。

按照《东周列国志》里的描写，这个龙文赤鼎有千钧之重……然而嬴荡不顾群臣劝阻，仍要逞强，非去举它不可。

就这样，这位很猛的秦王在尚未发明汽车的历史里成为第一个人类“千斤顶”，然后因材质不过关而发生折断——“绝膑（腿骨折断）而死”，当天晚上他就毫无悬念地崩了，给后世的我们留下一个很喜感的悲剧。

不过，扁鹊之所以入秦为秦武王看诊，并非因为这次事故跑去抢救，早在秦武王举鼎作死之前，他们就有过一次会面。

而这次会面的过程和蔡桓公那次有点异曲同工。

扁鹊进见秦武王，武王将他的病情告知了扁鹊，扁鹊请求为武王医治，可是秦武王的左右却进谗言："大王的病害在耳朵前面、眼睛下面，尽是人体要害呀！万一他失手把您医聋了、治瞎了怎么办？"脑子里尽是肌肉的秦武王觉得这话好像没毛病，就拒绝了扁鹊的方案。扁鹊长叹一声："大王您和懂得医术的人商量如何治病，却又和不懂得医术的人商量来破坏治疗。光凭这一点，我就对你们秦国的内政心里有数了。摊上您这么个主，秦国的前景可不敢恭维啊。"

后来，秦武王嬴荡在位四年，就把自己作死了，年仅23岁。而继任的，则是他同父异母的弟弟，那位起用了魏冉、范雎、白起等诸多猛人的大贤王，东周王朝的终结者，大秦帝国的奠基人——秦昭襄王嬴稷。对此我们只能说：大秦国运，着实够硬。

不过，在《史记》中还有着秦武王的另一面，那就是他是中国历史上首个设立"丞相制度"的君主。而丞相制度在之后的中国有着1600多年的历史，在漫长的封建体制中有着绝对的影响力。当然这是后话了。

尽管秦武王的脑子确实没的治，但扁鹊应该还是说服了他并治愈了他的疾病。然而当扁鹊即将离开秦国，开启另一段济世救人的旅途之时，悲剧猝不及防地发生了。由于秦国太医令李醯（当初给秦武王进谗言的很可能就是他！）妒忌扁鹊神一样的医术，担心再这么下去，自己的位置迟早要被扁鹊取代，于是设计让刺客在骊山的山道间截杀扁鹊。无论是出于人性的扭曲，还是道德的沦丧，一代神医就此死于小人之心，同行之手，骊山脚下。从此，中国再无扁鹊。而扁鹊这一名号的传承似乎也终止于此。

碳水加肉的奇迹

作为一个被诸多谜团所包围的人物，对于扁鹊先生有何饮食偏好，我们无从得知。不过只要扁鹊他是一个人，对于“碳水加肉”这一贯穿人类美食历史的永恒组合就必定无法抵抗。就算扁鹊他真的不是人，而是石刻上画的那种鸟，那大部分鸟也都是杂食动物，食物种类有花蜜、种子、昆虫、鱼、腐肉或其他小动物……想必也一定包括吃肉夹馍以及去码头整点薯条吧？

那么，扁鹊停留在秦国的时期有没有机会享用肉夹馍呢？让我们把视角拉回“馍都”——西安。

肉夹馍就是馍夹肉。至于为何是肉夹馍而不是馍夹肉，有人说，这是古汉语的省略句式，意思为“肉夹于馍”，就比如大葱卷饼，难道不应该是饼卷大葱？不过本地人对此有着另一种见解：“馍夹肉”在陕西方言里的读音和“莫加肉”的读音相同——若用来给美食命名，未免过于打击士气。

作为一种源自长安的、古老的中国特色小吃，肉夹馍在表现形式上非常宽泛，并且在全国各地都有类似的东西。然而对“馍都”西安的本地人而言，提起“肉夹馍”，那基本就是特指一种小吃——腊汁肉夹馍。

所谓腊汁肉，就是一种用大锅煮制的猪肉。关于它的历史，一种说法是可追溯到战国时代，位于秦、晋、豫三角地带的韩国有种被称为“寒肉”的肉料理，秦灭韩后，制作技艺传到秦地，并世代流传下来。腊汁肉的制作过程并不复杂，选用上好的带皮猪前肩肉，配以上等硬肋肉，煮制时使用陈年老汤——这老汤啊，就相当于店家的核心竞争力和金不换的招牌，老汤的年代越久，肉汁的味道越醇厚，出肉时的琥珀色就越晶莹光亮，而且这汤上还有一层厚厚的油脂用作保温留香。将肉皮朝上下入汤锅，再加入姜、葱、草果、大茴香、桂皮、蔻仁、丁香、香叶、花椒、甘草、白芷、陈皮、荜拨、砂仁、香砂等二十余味香料——当然，各家的秘方也不尽相同——大火烧开后，用小火再慢慢煨上两个钟头，就算做好啦！学会了吗？是不是很简单？但说实话，我自己尝试了很多次，始终难以做出人家那个味道和质感来。和大多数看似不复杂的陕西小吃一样，腊汁肉夹馍也属于典型的易学难精一类。

煮罢冷却后的猪肉，其油脂净白如蜡、瘦肉底色红润，其中带有星点白脂，如同蜡浸，腊汁肉也是因此得名。腊汁肉的口感类似酱肉，但略比酱肉酥烂，肥而不腻，瘦而无渣，酥软香醇，滋味鲜美。吃时从铁锅中捞出一块，放在木质砧板上，颤悠悠的，不用剁，光是用刀身轻轻一摁，早已软烂入味的肉块就层层绽开，肉香能飘出整条街，再连肉带汁揽进刚刚烙好并剖成两片的热馍中间，重点是肉还得塞得均匀饱满，要饱和到能从馍缝中顺着肉汁往外冒为佳……不行，讲着讲着，嘴角就开始不争气地流口水了。

如今的腊汁肉夹馍，虽然为了照顾那些“滴肥不沾”的顾客推出了“纯瘦”特别款，但其实正宗的版本最讲究三分肥七分瘦，品质优良的肥瘦腊汁肉，其醇厚的香味完全不是“纯瘦”的可比的。看上去油水很大，会不会很腻啊？完全不会。而且营养健康。贾平凹先生为此讲过一个段子，说是有位爱惜身材、拼命节食的上海女子初来西安，被肉香吸引，在一家店铺前踌躇不前，垂涎欲滴，然而下不了决心。店主见状，当面拿起几个肉夹馍狼吞虎咽吃起来，满嘴流油，说：“我家经营腊汁肉三代，我每日吃六个肉夹馍吃过五十年，你瞧我胖不堆肉，瘦不露骨。”女子不信，连走了八十家店铺，却见店主个个精瘦干练，终于放下疑心，大快朵颐。

吃肉夹馍不需要什么仪式感，对单人用餐的“社恐人士”也极为友好，进店坐定，连“肉夹馍”这三个字都嫌冗余，只消念出“老板，俩馍”四字灵言，店主绝不可能会错意，给你端上两个烫手肉夹馍以外的东西。还不满足的，可以再点一份香辣可口、绿豆芽放足的岐山擀面皮配合食用。日本人发明“炒面面包”的“脑洞”能把陕西人活活笑死，但奇怪的是，没人会对肉夹馍加凉皮这种典型的碳水加碳水的吃法提出任何异议。而且一般到了这一步，老板不用说也会再帮你开一瓶西安本地产的冰峰汽水，这是一种单拎出来毫无特色，但配合凉皮、肉夹馍饮用就会让你急速分泌多巴胺的神奇饮料。

至于夹腊汁肉用的馍，也大有讲究，通常使用一种叫作白吉馍的发面饼——此乃腊汁肉夹馍的“专用馍”。白吉馍的卖相讲究一个“铁圈虎背菊花心”，是说饼子其中一面要有烤制时留下的火色线，形成一个很完整的圆圈，圆圈内有火色自然形成的虎纹，而另一面中心则有菊花状的烤制痕迹，它是由馍坯原本的形状形成。陕西有一种鱼肚形的擀面杖，专门拿来擀白吉馍，馍坯会自然形成碗状，制作时，将碗形面坯“碗底”朝下进行烤制。据说，只有这个“铁圈虎背菊花心”花色烤到位了，饼子吃起来才有外酥里嫩的独特口感。

关于白吉馍的起源和来历，目前多数人比较认可的看法是源自陕西咸阳彬州的北极镇。北极镇原名白骥镇，自古是陕甘通衢要道，设有驿站，因驿马全是白色而得名白骥驿。金设白骥镇，明清时期，当地群众将“白骥”转音为“白吉”，也可能是由于“骥”字难写，成了“白吉”，而后来不知怎的叫着叫着就成了“北极”镇（陕西方言中，“北极”和“白吉”同音）。在清中叶之前，这里的地名是“白吉里”，当地特产就是白吉馍，由于其口感出众和便于携带，很快流行起来，成为广受欢迎的名吃，并且被人们用来夹各种东西。

如果先搁置那些见仁见智、五花八门的香料（不用想，这些香料十种中有八种都不可能出现在先秦时期的中国，但也没关系）搭配，我们就会发现，肉夹馍的核心原材料其实只有两样——小麦和猪肉。

而扁鹊所在的时代，这两样原材料的入手难易度如果从难到易用 S—A—B—C—D 来划分任务等级的话，那么只能是 C 级甚至是 D 级。

亲爱的动物

先看看猪肉啊。李时珍先生在《本草纲目》中给它做了一个开宗明义、一针见血的注解："猪天下畜之。"

没错，就是说我们大家都爱它。爱吃，爱养。

不是猫，不是狗，不是牛，也不是马。猪才是中国人的国民级动物。关于这一点，我们从《说文解字》中就能充分理解。你看"家"这个汉字，上面是宝盖头"宀"（房顶），下面是一个"豕"（猪）。看到没？对古人而言，你不需要有房有车，甚至不需要有老婆，但是你必须"有房有猪"，因为那才算得上一个"家"。

我知道你们想说什么，我也很向往那个搞头猪就能成家的淳朴年代。

猪之所以在中国广大劳动人民的生活中占据着重要地位，正是因为它真的算不上一个稀罕东西——就算在可选择项不多的先秦时期也一样。

猪是人类早期驯化的动物之一。它们会因为较容易获得食物而主动接近人类群落，而且繁殖力强，极能生养。最初人类驯化猪大概率也是出于玩耍的目的（毕竟那会儿自然资源丰富，人口稀少），直到确定猪是性价比最高的肉食来源……虽然成年野猪性格暴躁，攻击性强，但直接从幼猪驯化成家猪却意外地简单，只需数代即可（同理，家猪野化变回野猪也是意外地快，猪的基因着实强大！）。在与人类长期相处的过程中，猪的警觉性由灵敏变得迟钝，性情也变得温顺，饮食结构的变化让它们从以肉食性为主转变为几乎完全是植食性。由于不用再奔波觅食，猪的四肢变得细而短，生长速度更快，体形增大，产仔猪数量也大为提高。从考古发现的人类遗迹中的动物骸骨来看，早在新石器时代中晚期，以猪为主要肉食资源的饮食模式就已成形。而我国最早的家猪出现在河南舞阳贾湖遗址，距今近 9000 年，此时的猪已经具有较为明显的家猪特征，应该是已经被驯化完成很长时间了。

据史书记载，周代关于按阶分配的食物的权限是这样的：天子食牛、羊、豕齐全的太牢，诸侯食牛，卿食一羊、一豕的少牢，大夫食豕，士食鱼炙，庶人食菜。——猪是倒数第三档，供大夫阶层享用，不算高也不算低。

先秦时期其实就算是平民，没吃过猪肉也见过猪跑。何况也不能说吃不到：一是可以自己打猎自己吃，二是可以通过国家政策福利得到。《国语》记载，在勾践时期的越国，有这么一条全民福利："生丈夫，二壶酒，一犬；生女子，二壶酒，一豚。"也就是说，你家只要生了小孩，是男孩，国家就送你两壶酒和一只狗；

生女孩，国家就送你两壶酒和一头猪。生个孩子不仅双喜临门，而且还是重女轻男，不得不说思想格外先进。

扁鹊先生的社会地位和人际资源明显高于一般平民，只要他想吃猪肉，绝对量大管饱。

然而在历代封建贵族的菜单里，先秦时期已经是猪难得的高光时刻了。因为在那之后的漫长的中国历史里，猪的股价大多时候都呈阴跌趋势。

汉代往后，从魏晋到唐宋这上千年里，猪肉一直不受上层人士待见——就拿唐代宰相韦巨源书写的“烧尾宴食单”（烧尾宴，唐代时出现于长安的一种规格极高的盛宴，丝毫不亚于后来的满汉全席）来说，58 道考究无比的菜肴里，汇集了鱼、虾、蟹、鳖、鸡、鸭、鹅、鹌鹑、牛、羊、鹿、熊、狸、兔、蛙、蛤蜊以及各种珍奇食材。我这里随便报几个烧尾宴菜名，大家可以猜猜看都是什么。

> 金银夹花平截（剔蟹细碎卷）、通花软牛肠（胎用羊膏髓）、光明虾炙（生虾可用）、升平炙（治羊、鹿舌拌，三百数）、白龙臛（治鳜肉）、羊皮花丝（长及尺）、雪婴儿（治蛙、豆荚贴）、仙人脔（乳瀹鸡）、小天酥（鸡、鹿、糁拌）、箸头春（炙活鹑子）、遍地锦装鳖（羊脂、鸭卵脂副）、暖寒花酿驴蒸（耿烂）、汤浴绣丸（肉糜治，隐卵花）、冷蟾儿羹

（蛤蜊）……

然而奇怪的是，本该大放异彩的猪肉菜肴，在“烧尾宴”里却占比极小，只有在“五生盘”（熊、鹿、羊、牛、猪等五种动物的肉精制而成的拼盘）等极个别菜品中方能觅得其踪影。可见，即便是民族融合万国来朝的盛唐，猪肉的地位也有点尴尬。

之后经历了五代十国的一番洗牌，到了宋朝，养猪业的发展比唐朝青出于蓝。北宋民间猪肉消耗量惊人，据《东京梦华录》记载，每天有上万头猪被猪贩子们从各地收购送入东京（汴梁），这也成了猪产业链中间商的财富密码，东京猪贩和屠宰坊往往需要雇用数十个帮手，无数掌握了底层消费者“肉篮子”的“郑屠”从而能为霸一方。但是，猪肉的消费主力仅止于平民，社会上层如宫廷权贵、富人、官僚阶层则普遍受传统医书影响，十分轻视猪肉的保健价值，很少食用或者说压根不屑于吃。因此当时的猪肉往往供过于求，价格低贱。

《东京梦华录》记录汴梁美食的《饮食果子》篇中记载了虾蕈、群仙羹、假河魨、白渫[①]齑、货鳜鱼、假元鱼、紫苏鱼、乳炊羊、闹厅羊、角炙腰子、鹅鸭排蒸、荔枝腰子、还元腰子、烧臆子、入炉细项莲花鸭签、酒炙肚胘、虚汁垂丝羊头、入炉羊、鸡签、炒兔、葱泼兔、假野狐、金丝肚羹、石肚羹、假炙獐、煎鹌子、

①“渫”应作“煠”。

生炒肺、炒蛤蜊、炒蟹、洗手蟹（注意：这里提到的和内脏相关的菜品，基本都是用獐子或羊做的，没有猪）等 50 余种琳琅满目、令人垂涎欲滴的菜品，唯独不见猪肉——高级餐厅用猪肉当主菜就显得太没牌面了。而今天我们喜闻乐见的以猪肥肠为首的价格如火箭般蹿升的一系列猪副产品，在当时只配用来喂猫，而且比小鱼干还低贱。（令买鱼饲猫，乃供猪衬肠。诘之，云："此间例以此为猫食。"——宋代周煇《清波杂志》）

对此，苏轼在《猪肉颂》中幸灾乐祸地写道："黄州好猪肉，价贱如泥土。贵者不肯吃，贫者不解煮。"——尽管那是猪肉历史地位最低的时代，但对被发配的孤独美食家苏轼来说无疑开心疯了，而"猪肉颂"和"东坡肉"也正是苏轼内心谱写的《欢乐颂》：美味无人跟我抢，众人皆傻我独享！

宋代明令禁止杀牛，牛肉无法公然贩卖（当然也有偷着吃的，由不太正规的店卖给不太正规的人，比如梁山好汉），猪肉又被带货领袖们开除"肉籍"。因此，羊肉在这个时期就成为中上层人士的主要肉食。而皇帝本人，正是羊肉忠实的带货领军人物。

宋代皇帝中，宋真宗属于重度恋羊癖，御厨每天宰羊 350 只，每年要牺牲 10 万多只羊。他的继任者宋仁宗也爱羊，每天宰 280 只羊，史料上说这位官家动辄"思膳烧羊"，一日不食羊便夜不能寐，但对猪肉则是完全鄙弃的态度。当时有记载，"御厨不登彘肉""御厨止用羊肉，此皆祖宗家法，所以致太平者"——好家伙，直接把他们老赵家爱吃羊这一行为和天下太平深度绑定了！这看似荒谬，但仔细想来，好像也不是完全没法解释。因为宋代幅员不太辽阔，羊肉多从契丹和西夏等北方游牧民族购买，每年光买羊就花费几十万贯钱，大宋通过爆买羊肉和产羊国形成贸易逆差的话，契丹和西夏等就不缺钱，不缺钱就不会没事铁骑南下搞零元购。小小几只羊不但能打打牙祭，还能够换取悠久恒常、太平吉祥的国运啊。——可惜历史证明，官家们想当然的如意算盘并不靠谱。

到宋神宗时，朝廷总算网开一面，增加了猪肉消费。然而定睛一看，御膳房一年的羊肉消耗量是43万4463斤4两，而猪肉只消耗4131斤——尚且不及羊肉消耗量的零头。就这样，在皇帝以羊为贵、以猪为贱的指导思想下，全国上行下效，从官员到平民都将羊视为有档次的象征：无论是红白喜事，还是中举还愿，案头不摆一只羊，你都不好意思和人打招呼。

说到这里，熟悉《水浒传》的朋友们应该记得李逵有这么一段关于“大口吃肉”的有趣情节。

宋江请李逵、戴宗二人在高端餐厅琵琶亭吃饭，李逵毫无餐桌礼仪，吃得稀里哗啦，还把宋江、戴宗碗里的也捞过来吃了，但仍没吃饱。宋江吩咐酒保再切二斤肉投喂李逵——但宋江并没说切什么肉。不料酒保却说：“小人这里只卖羊肉，却没牛肉。要肥羊尽有。”李逵一听，登时便把鱼汤劈脸泼将去，淋那酒保一身。

戴宗见状，几欲昏倒，喝道："你又做甚么？"李逵应道："叵耐这厮无礼，欺负我只吃牛肉，不卖羊肉与我吃！"宋江道："你去只顾切来，我自还钱。"酒保忍气吞声，去切了二斤羊肉，做一盘将来，放在桌子上。李逵见了，也不谦让，大把价�来，只顾吃，拈指间把这二斤羊肉都吃了。

学生时读到此处，颇为不解，觉得这黑厮怕不是个神经病。酒保不卖牛肉，他就犯病掀桌，给他羊肉，他好像吃得也很开心，那他到底是想要羊肉还是牛肉？再说了，牛肉和羊肉不都很好吃吗？可怜酒保无辜"躺枪"，何错之有？

直到多年以后，稍稍了解了宋代羊肉的社会地位，加上金圣叹先生的批注之后，方才想通此节。

宋代高公泗因羊肉价绝高，作诗道："平江九百一斤羊，俸薄如何敢买尝。只把鱼虾充两膳，肚皮今作小池塘。"

高公泗在这里哭穷的是，当时平江一地羊肉一斤高达九百钱，他一个公务员都吃不起。牛肉则由于被禁而卖不上价，才七八十钱而不到一百钱，和羊肉差了将近十倍。《梦溪笔谈》中有位宋代"社畜"在驿舍墙上题诗——倒不是反诗，但内容着实凄惨："三班奉职实堪悲，卑贱孤寒即可知。七百料钱何日富，半斤羊肉几时肥？"是说他一个月的薪水就是七百小钱加半斤羊肉。这首诗还传到了朝廷，天天吃羊肉的皇帝也觉得"社畜"太可怜，就给他加薪了。

可想而知，李逵一介狱卒也没啥钱，平日当然吃不起昂贵的羊肉，最多“切二斤熟牛肉”就算顶格消费了。但人家琵琶亭是高档酒楼，不卖牛肉，只卖羊肉。李逵之所以急眼，正是由于酒保点破了他“一看就是吃牛肉的阶层，怎吃得起羊肉？”。情商极高的宋江赶紧圆场：切二斤，我买单。羊肉端上来，没吃过好东西的李逵还怕人跟他抢，直接上手，三两下就揸光了。金圣叹在此批注：“四字绝倒，忽从酒保口中画出李逵不似吃羊肉人，妙笔凭空生出。”由此感叹施耐庵对宋代社会生活的熟悉和构建情节的巧思。

有趣的是，尽管在宋人的地盘确以羊肉为贵，但在长城以北的广大地区，肉类等级的评定规则却是反过来的。在北方辽国等地，猪肉才是高端大气上档次的东西——“非大宴不设”。由于这一原因，还闹出过宋辽外交上的乌龙事件：宋朝使节出使辽国，北人用上好的猪肉款待宋使；而辽国使节出使宋朝，宋人则用辽使最不稀罕的羊肉盛情招待。双方都认为自己给予了最高规格的款待，结果两头都翻车了。

元朝建立后，猪的地位总该得到历史性翻身了吧？很抱歉，并没有！

因为当时蒙古民族也不怎么喜欢猪。毕竟他们的饮食习惯是大块大块水煮牛羊肉吃，而且重视原汁原味，很少添加作料。众所周知，这样料理出来的猪肉不可能好吃。

此外，《马可·波罗游记》中对于元代杭州屠宰场有过这样一段记述："复有屠场，屠宰大畜，如小牛、大牛、山羊之属，其肉乃供富人大官之食，至若下民，则食种种不洁之肉，毫无厌恶。"——这里所谓"不洁之肉"，就是指猪肉。想必马可·波罗也目睹过当时猪的饲养环境——从出土的汉代陶猪圈来看，中国自古以来有在厕所大做养猪文章的习惯。还有个名词就叫作"圂厕"，既有厕所，也有猪圈的意思。它的发明思路很简单，一来人猪粪便混合，那便是最上等的农家肥；二来嘛，节省粮食……小时候有幸见识过农村的一些绿色原生态厕所就是这样设计的：简易的便所和猪舍连通，每当你方便完，猪的肥脸就会从身后凑过来，发出喜悦的哼唧声，并享用你遗留下来的那坨食残。某些具有服务精神的猪，甚至还会主动帮你清洁……倘若内心过得了这个坎，大约便能体会天人合一的妙处吧。

直到近代，部分地区仍保持着这种习惯，这或许就是"贵者不肯吃"的原因之一。不过请大家安心，现代中国已经没人用这种办法养猪了。

到了明代，猪一下子成了"国姓爷"，猪肉总算完成了对羊肉的逆袭，光明正大地成为中国首席肉食。明永乐年间的御膳食材清单中有过羊肉 5 斤、猪肉 6 斤的记载，执掌膳食的光禄寺所记录的宫廷岁用牲口数则是 18,900 口猪，10,750 只羊——价廉物美的猪肉终于不再受到鄙视。然而还没等各界爱猪人士开心几天，又出了个幺蛾子。

之前我们讲过，因为“李”“鲤”同音，李唐皇帝曾颁布“禁鲤令”，这本就是一场闹剧，足以被钉上历史的耻辱柱。万万没想到朱明皇帝觉得此计甚妙，也想效法一下，于是就颁布了一个影响更大，也更令天怒人怨的“禁猪令”。

猪成为避讳这件事，早在大明建国已有之，好在朱元璋相对理智大度，而且他自己也特别爱吃猪肉，所以仅仅要求人们不能随便说“猪”这个字，要改叫“豕”或者“彘”。另外，杀猪也不能说，要说“杀红”。然而很快问题出现了，“豕”“彘”这两个字不是常用字，很多老百姓不会读。同样没有学历的朱元璋倒也能体谅，于是别出心裁，特意为猪起了一个特别可爱的代称——“肥肥”。其实一定要把猪改成这个名——东坡肥肥、烤乳肥肥、爆炒肥肥肥肠什么的，我也不是不能接受。当然这都是传说。

然而到了明武宗朱厚照这里，突然开始玩真的了。

朱厚照不但姓朱，还属猪。在中国的俗语里，关于猪基本没有几句好话。朱厚照认为猪脑、猪瘟、猪头三、猪狗不如、死猪全家福、高产似母猪这一类词都是在诅咒他老朱，再加上他声称做了一个自己变成猪被千刀万剐的噩梦……于是便下令禁止全国百姓养猪。

禁猪令上说：“照得养豕宰猪，固寻常通事。但当爵本命，又姓字异音同。况食之随生疮疾，深为未便。为此省谕地方，除牛羊等不禁外，即将豕牲不许喂养，及易卖宰杀，如若故违，本犯并当房家小，发极边永远充军。”

关于这一点，我百思不得其解：大王您颁布这条法令，不就等于正式承认您老朱家都是猪吗？

朱厚照不但不让大家养猪、宰猪、吃猪，还不知从哪儿找了些“科学依据”，说是猪肉吃多了身体会长疮，从而为他荒谬的政策提供理论支持。另外，他还派出臭名昭著的大太监刘瑾、钱宁去强推“禁猪令”的落实，若官吏胆敢以身试法，轻则降职丢官，重则判刑流放；天下百姓，一人养猪、杀猪，全家充军发配。

圣旨一下，举国哗然，十天半月之内，全国各地兴起了一系列热闹又恐怖的“杀猪运动”。由于不许养猪，唯有把现存的猪屠杀殆尽或减价贱卖，所以出现富户人家把大量的猪赶入河中淹死，一般平民则将自家所养的猪屠杀掩埋，猪肉价格暴跌。一时间，豚骨暴于野，千里无猪鸣，让好端端的大明提前体验了一把美国大萧条时期杀猪埋土的经济危机怪象。(《明武宗实录》记载：“(正德十四年十二月)乙卯，上至仪真。时上巡幸所至，禁民间畜猪，远近屠杀殆尽；田家有产者，悉投诸水。是岁，仪真丁祀，有司以羊代之。”)

这一下，民间老饕们可就炸裂了！猪是没有了，但没有任何可以代替的东西。人要吃肉，全国人民猪瘾同时发作！想象一下那个场面。眼看分分钟改朝换代，内阁首辅杨廷和赶紧上了一道

《请免禁杀猪疏》，对朱厚照禁猪令的后果与未来进行了一番深入的分析和展望，并建议重新颁诏，废止禁猪令，让百姓安于生计。

朱厚照自知理亏，哑口无言。就这样，这场禁猪的闹剧不到三个月就草草结束了。

从那之后，猪成王之路再无阻碍，中国成为毫无争议的全世界最大的猪肉生产国和消耗国。中国人每年消耗的猪肉占全世界总产量的一半。价廉物美的肉夹馍成为火遍神州的名吃并非偶然，毕竟猪肉直到今天为止，对中国人而言，也是最容易得到并且性价比最高的肉食。

馍岂是如此不便之物？

再来看看小麦。

小麦是人类最早种植的粮食作物之一，原产于北非或者西亚。大约 1 万年前，人类就开始把野生小麦当作食物。古埃及的石刻中已有栽培小麦的记载，而中国的小麦则被广泛认为是四五千年前从两河流域传入的。《说文解字》解释“麦”字为“从来，有穗者”，“来”是麦的本字，意即外来物。

在新疆的孔雀河流域，考古学家曾在楼兰的小河墓地发现了

4000年前的炭化小麦。而从河南洛阳的关林皂角树遗址出土的二里头文化时期的炭化小麦来看，中国可能早在夏朝就已经有了小麦。甲骨卜辞中有“月一正，曰食麦”的记载，说明商朝已经种植小麦了。只不过在新年时才可吃到，说明种植尚不广泛。

到了周朝，包括东周，也就是春秋战国时期，麦子显然成为诸侯国日益重视且相互争夺的一种资源。《左传·隐公三年》记载：“(夏)四月，郑祭足帅师取温之麦。”《左传·成公十年》记载：“晋侯欲麦，使甸人献麦。”诸侯间的你争我抢也变相加速并扩大了麦子在中国的种植面积。

《左传·成公十八年》记载：“周子有兄而无慧，不能辨菽麦，故不可立。”是说在晋国某位国君薨逝之后，有对兄弟作为继任者候补，群臣商议后得出结论：这个哥哥虽然年长，但愚昧无知，连豆子和麦子都分不清，这样的人当然不能继承社稷；而弟弟虽然年仅14岁，却非常聪慧，能言善辩，就由他继承公位吧。——这又给我们留下了一个“不辨菽麦”的贬义成语。尽管这套说辞很可能是权臣为了控制幼主而废长立幼的借口，但也明确了一点——在当时，不认识麦子已经是一个严重的减分项，相当于“你是智障”的指控，说明麦子已属于常见之物。只是春秋时期，小麦和稻米仍属于贵族阶层的食物，而百姓仍以粟、菽为主食，粟是小米，菽是豆类，连这两样都吃不上的时候也很多。

小麦在中国内地大规模普及种植应该是自汉代开始。其中最关键的一个动因就是战国时期才姗姗而来的石磨盘——最早它的名字叫作“硙”——在汉代总算得到推广。虽然在工业化时代这个玩意只有进博物馆的份，但在当时可以说是全宇宙面食爱好者的福音，说是改变人类历史都不为过——小麦终于可以批量磨成面粉，制作成各式各样的食物啦！这才为馒头、面包、面条、胡饼们提供了无限可能。对了，虽然在那之前还有杵臼这样东西勉强能用，但光看出土的文物造型，你就不难判断这样东西的效率和效果。可以说，在出现石磨技术之前，就算你明知麦子是种好东西，大多时候，人类也只能干嚼麦粒或是磨得粗碎的麦粒，因此就算尊贵如埃及法老，都逃不过一口磨损严重的烂牙。

小麦有了，磨盘也有了，酵母当然也不是问题——在大约3500年前的殷商时期，中国人就会利用酵母酿造米酒了。一切都齐活了，是不是就可以烙饼吃肉夹馍了？不。严谨起见，还不能百分百断言。

不是因为“技术”不达标，而是因为“创意”还不到位——扁鹊或是秦国老乡当时还未必见过烙饼、烤饼这种吃法。

大约公元前6000年，小麦开始被人们磨成粉加水和匀，然后放在烧热的石头上烘烤，做成很硬的无酵面饼。这种扁平面饼是人类早期文明中常见的主食。公元前3000年，苏美尔人就已经在吃大麦烙饼，公元前1200年的古埃及人则可以在街上买到叫作"ta"的面饼——它们都被视为面包的雏形。诸如此类的面食烘焙料理虽然当时在西域已经非常流行，然而没有明确证据显示已经在战国时期的中原普及。史料记载，"饼食"开始正式占领中国人餐桌的时间是在不久之后的西汉。当时就有"饼饵麦饭甘豆羹"的说法，将饼排在日常食物的首位。而今天我们制作肉夹馍常用的烙饼和烤饼，则是从丝绸之路而来的西域人迁居长安时带来的，它就是鼎鼎大名的"胡饼"。胡饼表面撒有大量芝麻，烤制得外酥里嫩，香脆可口，立刻成为自汉代起经久不衰的美食。而且也有皇帝带货，《太平御览》卷八六〇引《续汉书》曰："灵帝好胡饼，京师皆食胡饼。"

此外，早期的"饼"也并非我们现在对它的定义。"饼"这个字最早见于先秦著作《墨子》，其中有"见人之生饼，则还然窃之"的记载。《韩非子》中有"孙叔敖相楚，栈车牝马，粝饼菜羹，枯鱼之膳"。

需要注意的是，先秦时期的饼不是烙的，而是把麦、米或黍捣成粉后加水揉成饼状，再下锅煮熟食用。它们之间还有一点小小的区别：用麦粉做的才叫饼，用米粉做的叫粢。而魏晋时期的饼多指"汤饼"，西晋文学家束皙在《饼赋》中说："玄冬猛寒，清晨之会，涕冻鼻中，霜成口外，充虚解战，汤饼为最。"在当时，汤饼是寒冬时节驱寒强体的食品——这种用浓厚的汤汁煮成的面饼一般被我们视为后世面条的雏形，不过陕西特有的羊肉泡馍似乎也很贴近这一形式。除此之外,《饼赋》还提到了曼头(馒头/包子)、牢丸(汤圆)、豚耳(猫耳朵)、狗舌(牛舌饼)等丰富的面食，它们都属于饼类。

宋朝人黄朝英在《靖康缃素杂记》卷二《汤饼》中还为“饼”做了细致的分类:“凡以面为食具者，皆谓之饼，故火烧而食者，呼为烧饼；水瀹而食者，呼为汤饼；笼蒸而食者，呼为蒸饼，而馒头谓之笼饼，宜也。”有史书说此疑为汉魏时期的“饼”做的分类。所以在中国古代，“饼”是面食的一个统称，爱吃面食的人认得“饼”字就足够了，饼可以包含一切……

虽然春秋战国时期还不大流行饼食，不过肉食加碳水这一使人幸福的饮食搭配，倒是可以确定在周代甚至更早就已经成形，比如周八珍中的“淳母”——它是用黍研磨成粉后制成类似饼的东西，上面再铺上一层肉酱——这是不是可以视为肉夹馍的雏形呢?

所以基本可以确定，扁鹊要吃肉夹馍，虽然类似于白吉馍那种可夹万物的发面烤饼是否存在还要打个问号，不过其他形式的饼(比如水煮的面饼)还是完全有可能得到的，凑合一下也没差。再说了，没有白吉馍就吃不成肉夹馍了吗?馍岂是如此不便之物?

更何况，就如同彼得·帕克只是蜘蛛侠宇宙中最广为人知的那位一样，在三秦大地森罗万象的“肉夹馍宇宙”中，也远不止腊汁肉夹馍这一款肉夹馍专美于前。

就算吃不到正宗的白吉馍腊汁肉，依然有很多魅力十足的组合。

挑点有代表性的说，首先是西安回民街的腊牛肉夹馍，堪称肉夹馍中的贵族，筋劲十足的饦饦馍中夹的是剁得细碎的西安名物腊牛肉，再配上一碗回民的肉丸胡辣汤，在西安找不到几样比这更令人满足的早餐了。还有同样出自清真菜品、几乎每家小炒餐厅都会供应、爆香扑鼻的孜然炒牛肉夹馍，再算上清真烤串摊上撒满辣椒面、丝毫不输淄博烧烤的烤串肉夹馍，可合称为西安清真肉夹馍的黄金三叉戟。来自潼关的潼关肉夹馍与腊汁肉夹馍不同，其馍外观焦黄，内部呈层状，皮较薄，外酥里嫩，饼酥肉香，深受欢迎。只是近年不知从哪儿冒出个“潼关肉夹馍协会”，四处碰瓷肉夹馍小店勒索巨额“加盟费”，让这一美味蒙上了一层阴影。笼笼肉夹馍，陕西名吃，一种香辣口味的蒸肉夹馍，将五花肉腌制后，再裹上糯米粉单笼蒸制，香浓软糯，色泽红亮，咸辣兼备，让人看了就有食欲，馍则是合页馍，贝壳样的蒸饼，仅为夹馍而生。来自宝鸡的肉臊子夹馍与众不同的一点是它的肉臊子中放醋，别具风味。咸阳的东坡肉夹馍以三角热锅盔夹白条冷肉为主，吃起来肥而不腻，红烧味十足。榆林的猪头肉夹馍，产自绥德县，夹馍的饼是一种每层薄如羽翼的多层饼，叫作油旋，外酥内绵，油香扑鼻，与猪头肉相得益彰，吃时必多加蒜瓣。驴板肠夹馍，卤驴肉、卤驴板肠是陕北米脂特色美食，很容易让人联想到驴肉火烧，不过这里面可没有青椒，驴板肠以老汤卤制而成，吃着弹劲十足，麻辣鲜香，夹在油旋里，别提有多满足，当然也可以加卤驴肉。此外，在西安大唐不夜城附近的夜市里，你还可以随处邂逅街边星罗棋布的炸肉摊，这里有着位于肉夹馍宇宙边缘的炸里脊夹馍，相比制作讲究的肉夹馍，它的本质更接近于快餐属性的汉堡包，但深受年轻人喜爱。

如果想吃得清淡点，西安还有一个同样繁荣的非肉夹馍宇宙。

首先就是“菜夹馍”，虽然听起来过于寡淡，不易促进食欲，然而内里丰富多彩——有土豆丝、胡萝卜、豆皮、芹菜、洋葱、海带、咸菜、青椒，甚至还可以有锅巴和臭豆腐……除了肉，什么都可夹正是它的特色，而且架不住一个便宜，在销量上，它才是夹馍界的无冕之王。八宝辣子夹馍，陕西八大怪之一的“油泼辣子一道菜”的衍生品，夹在椽头馍里的八宝辣子是渭南蒲城的一道经典佐餐小吃，香辣脆爽，极其开胃，一碟带走十个馒头不在话下，有“馍遭殃”的美誉。花干鸡蛋夹馍相信是每个在西安待过的学子最难忘的味道，腊汁肉汤中卤煮的油炸豆腐串夹在芝麻烧饼里，想奢侈一点，还可以花 1 元加个卤蛋，价格远低于肉夹馍但味道胜似肉夹馍。最后还有个不得不提的异类——红油辣子擀面皮夹馍，虽然不可否认也好吃到上头，但总觉得越来越怪异了。

虽然馍可以夹世间万物，但不知为何，西安人乃至陕西人唯独对肉夹馍的纯洁性有着近乎信仰的维护。尤其在面对肉夹馍流转各地之后发生的各种“异化”所生出的那种南橘北枳的悲愤，往往会惊到异地慕名前来的游客。

但这也情有可原，一旦出了陕西，你看看手里的肉夹馍，颜色黯淡的谜之肉拌上青椒、香菜、洋葱，甚至有的还放辣条，总之什么都敢一股脑塞进去，再冠以“肉夹馍”的名头，以至于某些外地游客初到西安看到肉夹馍本尊的反应是：“什么？这没有青椒哇，还没有香菜，哪里正宗了？”

想象一下这个场景对西安人的暴击伤害。其中最不能忍的是加青椒。

如同张国荣在《霸王别姬》里那句深入人心的台词：“说的是一辈子！差一年、一个月、一天、一个时辰，都不算一辈子！”倔强的老秦人面对各种“青椒邪道”也会发出同样的控诉：说好是肉夹馍，多一个卤蛋、一口青椒、一段大葱、一根香菜，都不算肉夹馍！

在西安人的观念里，你加青椒，加菜，恰恰说明你腊汁肉做得不够正宗，以至于不得不用蔬菜来解腻。要不就是为了降低成本，却舍本逐末，让肉夹馍失去了最大的卖点——对肉的满足感。

然而让西安人沮丧的是，漂洋过海到地球另一面的纽约创业的肉夹馍，正是经过了一系列从配方到烹制手法乃至材料的全面“魔改”，方才站稳脚跟，彻底征服了美国人。

说到漂洋过海，还能够保持肉夹馍纯洁性的，目前只在某款风靡海内外的国产游戏中见过。腊汁肉夹馍被传到了一个叫作提瓦特大陆[①]的地方，在这里，肉夹馍被冠以“摩拉肉”之名——大概也是取了“馍腊肉”或“馍夹肉”的谐音吧。造型是经典的“铁圈虎背菊花心”烧饼夹着满满当当的腊汁肉，这款料理是如此被描述的：将烧饼一分为二，夹入浓郁的肉馅，既解去了肉的腻味，又烘托了饼的香甜，饼酥肉嫩，饱满多汁，只一口便能陶醉。

更值得一提的是，在这个奇幻的世界里，肉夹馍（摩拉肉）是一道好吃到足以让人复活的料理。

说起来，我们最想喂给扁鹊吃的肉夹馍，这个应该才是最合适的呀。

① 游戏《原神》及其衍生作品里的世界名称。

第六章

孟子喝过开封羊汤吗？

之前网上有个热搜，大家都背过的一句古文**“故天将降大任于……”**，后面接的该是**“斯人也”**，还是**“是人也”**？

当时闹得沸沸扬扬，大家伙把自己的、爸爸妈妈的，甚至爷爷奶奶当年的语文课本都翻了出来，最后还是从人民教育出版社中学语文编辑部收到了回复：该出版社从1961年收录孟子的《生于忧患，死于安乐》课文以来，历套教材文章一直是“故天将降大任于是人也”，从未有过“故天将降大任于斯人也”，不过“斯”和“是”两个字，都表示“这”的意思。还有很多中文系的专业人士也贴出历朝历代各种版本的《孟子》原文，写的也是“是人也”。

但是，咱们天南海北那么多年龄段的网友都记成“斯人也”，那肯定不是大家都遇见了外星人，或者无缘无故出现了心理学上的“曼德拉效应”，肯定是有另外一个隐藏在暗处，但偏偏大家都经历过的关键因素。我自己琢磨了一下，“是”“斯”不分的根源应该不在《孟子》本身，而是在孔夫子《论语》的一句话里——**“逝者如斯夫！不舍昼夜”**。我小时候学到这句话，才知道“斯”在古文中表示“这”的意思，后来学《孟子》的时候，学到“是”也可以解释成“这”。“斯”“是”两个字表意相同，读音相近，再加上电视剧、小说里经常蹦出来一句“斯人已逝”，也难怪全国网友都被带到沟里去了。

孟子的身世

今天我们提到孟子，大家第一个想到的可能是“孟母三迁”的故事。有人说孟子是中国历史上第一个学区房的受益者，他妈妈也成了第一代“鸡娃”的虎妈，为了让孩子好好学习，不惜搬了三次家。但实际上，孟母三迁这件事，在孟子本人和他弟子的著作里都没有出现过。一直到西汉时期刘向所著的《列女传》中宣讲古代贤德女性事迹的时候，才突然出现一系列孟母的故事。刘向是汉高祖刘邦四弟楚元王刘交的五世孙，他出生时，孟子都去世200多年了，所以孟母教子这一故事的真实性有待考究。但是刘向的文笔好，《列女传》又浅显

[清]康涛绘 《孟母断机教子图》

易懂，历朝历代都把它作为子女教育的启蒙读本，就这么传播开了。

按照孟子的说法，他的学问跟上了什么学校关系不大，主要是靠他自己找到了一位好老师，是谁呢？自然是孔子。

按照《史记》的说法，孟子的老师是子思的学生，子思是孔子的嫡孙，子思的老师是孔子的高徒曾参，曾参就是那个为了对孩子守信用，杀了家里的一头猪给孩子吃的曾子。这么看来，孟子也算是孔门嫡传徒孙。但是孟子说“予未得为孔子徒也，予私淑诸人也”——私人的“私”，君子淑女的“淑”，不是过去小孩念“四书五经”的私塾。什么意思呢？就是“我没能跟着孔先生本人上课学习，只能从很多人那里学习孔先生的理论”。孟子本人很推崇“私淑”这种教育模式，甚至把它放在君子教育的五大模式里，现在看来，这种“私淑”前辈的教育方式很像今天的上网课，只不过孟子和自己的老师之间有着100多年的时间差。

孟子是邹国人，邹国最早叫邾国或者邾娄国，大约在今天的山东邹城，离孔子的老家曲阜不过二三十公里。论国力，邹国很弱，只是鲁国边上的一个小透明，但是邹国的历史很长，他们自称是上古五帝中颛顼的后人，周武王分封的时候也没为难他们，给他们留了一块地盘。孟子并不姓孟，“孟”其实是他的氏名，来自鲁国贵族孟孙氏。有趣的是，孔子刚开始当老师的时候，给孟子的六世祖孟懿子上过课，不过孟懿子学习的时间不长，后来继承家业去了，不算在孔门七十二门生里。孟孙氏是鲁桓公的后代，算是周天子的远房宗亲，所以按今天姓加名的叫法，孟子其实不叫孟轲，得叫姬轲。

相比孔子晚年追求“食不厌精，脍不厌细”，孟子在吃这件事上没那么讲究，吃饱就行，这可能跟他家从鲁国三大贵族之一沦落到避难于邻国的普通小贵族有关。但是跟同代人相比，孟子又称得上极其幸运，在他 84 年的人生中，不但躲过了战争和灾荒，还接受了不错的教育。

虽然孟子出生的邹国是个小国，故乡鲁国的麻烦事又多，但是好在隔壁还有一个超级大国——齐国，不出山东省内依然能找到好编制。孟子学成后，在齐国的顶级学术机构“稷下学宫”里评上了教职。中年以后，孟子决定辞职不干了，周游列国去，规模达到“后车数十乘，从者数百人”——现在的越野俱乐部都很难拉起这么威武的一支大车队。这还不算，他所到之处都由各诸侯国国君接待，比起孔子“困于陈、蔡”，七天吃不上饭，待遇好太多了。拉着这么多人出门吃大户，难免招人闲话，孟子的学生心里都有点过意不去，说：“咱们这样一国接一国地吃下去，是不是太奢侈了？”孟子倒是很淡定，说：“如果我们不行正道，那吃人家一顿饭都不行，但只要坐得端，行得正，就算像舜从尧那里把整个天下都继承过来也不算过分，你觉得我们现在吃得奢侈吗？”[①]

---

①《孟子·滕文公下》有言：“彭更问曰：‘后车数十乘，从者数百人，以传食于诸侯，不以泰乎？’孟子曰：‘非其道，则一箪食不可受于人；如其道，则舜受尧之天下，不以为泰——子以为泰乎？’”

孟子的底气来自当时的潮流，周朝的“士”是贵族里最低的一级，在孔子生活的年代，接受过教育的“士人”往往只能给大贵族管管账、当当司机，像你我这样的普通人连识字念书的资格都没有。进入战国，大国诸侯为了吸引周边的“小国做题家”，开始礼贤下士，不论国籍出身，只要愿意投奔，三餐好吃好喝肯定没问题，要是把大领导聊高兴了，给个大官做也有可能。孟子在齐国当稷下先生的时候，享受的是“上大夫”，也就是大夫里最高一级的待遇，既能参与国事讨论，还能分一套市中心大路旁的豪宅，在吃饭方面也有福利。据史书记载，天子食牛、羊、豕齐全的太牢，诸侯食牛，卿食一羊、一豕的少牢，大夫食豕，士食鱼炙，庶人食菜。天子有资格吃牛、羊、猪，各诸侯国的一把手可以吃牛，二把手也就是“卿”这个级别的吃羊、猪，普通贵族吃猪，低等贵族吃烤鱼，老百姓就只能吃糠咽菜了。稷下先生作为上大夫，挣到了“食豕”，也就是吃猪肉的资格。孟子从稷下学宫离开的时候，据说还拒绝了齐王送来的一百镒“兼金”。镒是古时的一种重量单位，合二十两或二十四两；“兼金”是好金，价值倍于寻常的上等金，据考证，并不是我们现在所说的黄金，而且从重量估算，齐王送给孟子的很可能是黄铜。话说回来，在见过大场面的孟子看来，吃他们几顿饭怎么了？他孟子在齐国当大学讲师的时候不比这强？

周朝刚立国时比较穷，规定“诸侯无故不杀牛，大夫无故不杀羊，士无故不杀犬豕”，除非遇上什么祭祀，西周贵族想找点由头吃肉并不容易。周天子祭祖剩下来的肉还要非常郑重地派使者分送到各诸侯国，各诸侯国国君收到后，也需要召集家臣，举行一个仪式吃掉，还好当时做肉干的水平应该不错，至少我们还没看到哪家诸侯食物中毒的记载。

到了东周，一方面是“礼崩乐坏”，大家都不怎么讲究礼数了；另一方面，有本军事书里统计过，春秋战国时期的战争频率没有我们印象中的高，平均下来，一年差不多一场，而且那时的户口管理制度没有那么严格，只要你撞大运，没有出生在兵家必争之地，又能想办法远离官府的管制，那么还是有可能过得舒服一些的。《论语》里记过一笔，有一次，子路在野外问路，被一位隐居老人骂“四体不勤，五谷不分”，但是子路听完，不但没生气，反而对老人更加恭敬了，老人觉得子路是个懂礼数的小伙子，最后还杀了只鸡，请子路吃了顿饱饭。所以说，蹭饭的态度一定要好。

而在孟子的规划里，只要好好饲养鸡、豚、狗、彘这几种牲畜，70 岁以上的老人就能吃上肉了。

这里我正好插一嘴说说豚、豕、彘的区别，按今天汉语的解释，这三个字其实都指向一种动物，那就是猪。但是对缺乏肉食的古人来说，值得分得更精细一些。《说文解字》里说：“豚，小豕也。”豕应该是指膘肥体壮的大猪，是贵族里大夫以上阶级专属的，老百姓能饲养食用的都是挑剩下来，体形瘦小，毛色也不那么好的“豚”。彘特指野猪，从“彘”的字形来看，它的下半部分是一个比较的“比”中间插进了一个箭矢的“矢”字，正像是野猪肚子上中了一箭、四脚朝天的样子。传说中汉武帝刘彻的小名就叫刘彘，但这只是民间传说，官方史书上并没有刘彻改名的记载。

提倡让老人吃肉，并不是孟子因为自己年纪大了才提出的说法，“人生七十古来稀”，在平均寿命三十几岁的古代，能活到70岁的都是大逃杀里的决赛圈选手，多少有些本事在身上。考古学家研究过河北张家口白庙一处东周时期的墓葬群，发现相比青壮年组，中老年组反而能吃到更多的动物性食物。这不仅说明春秋战国时期中原各国有敬老的传统，也反向证明了，吃肉比不吃肉更容易长寿。能让老人也吃得上肉的社会，就是孟子眼中的理想乐土。

中国什么时候有了羊？

虽说在古代要实现肉食自由一直不容易，但中国人吃肉的历史其实非常长，我们今天熟悉的“六畜”，早在史前时期就被中国人收集全了。其中猪、犬、鸡是我们本土的物种，牛、马，还有我们今天重点要讲的羊，都是随着各个史前部族文明或不文明的交流，从中亚、西亚等地传到蒙古高原，再进入中国的。

今天我们吃的羊肉来自绵羊和山羊。20 世纪 70 年代，考古研究人员在甘肃天水师赵村遗址的墓葬（距今 5600 ～ 5300 年）里发现随葬羊的下颌骨；在青海民和核桃庄马家窑文化墓葬（距今 5300 ～ 5000 年）里发现随葬完整的羊骨架，墓主人更财大气粗一些，埋了整只羊，说明人们的日子总是逐步富裕起来的。从时间来看，绵羊有两条传播路线，一条是沿着黄河自西向东，另外一条则是一路向西，抵达青藏高原和云贵高原，这个分布图跟今天的养羊大省也基本重合。根据基因检测结果，几千年前的古羊基本都是同一个品种，它们到了中国以后也没有其他羊来和它们杂交，所以，从史前文明到殷商时期，中国人熟知的羊长得都像我们的国宝“四羊方尊”上的那个样子，头上有两只卷曲的角，身上长着小卷毛，属于家绵羊。家山羊到中国比家绵羊晚了大约 1300 年，直到夏朝才突然在二里头出现，推测也是游牧部族带来的贡品或商品。所以，直到今天，“羊”字的写法还跟甲骨文时期差不多，羊角、四肢、羊尾俱全。

绵羊性子温顺，喜欢抱团，羊倌只需要管好领头羊，让头羊往一个方向走，其他羊就会紧紧跟上，饲养难度比喜欢在山上玩死亡蹦极的山羊小得多，所以从古至今，大家都更愿意养绵羊，但也有人觉得绵羊肉太肥了，不如爱运动的山羊紧实。那么，有没有一种可能，把它俩融合一下，得到既好饲养，肉质又精瘦的新羊种呢？很遗憾，这是不可能的。绵羊和山羊虽然都是偶蹄目牛科下的动物，但不是来自同一个祖先，绵羊有 27 对染色体，山羊却有 30 对，这个差距不要说比人和大猩猩大，比马和驴都要大，所以这两种羊是有生殖隔离的，不可能杂交。

不过，英国有一种叫“雅各布绵羊”的特殊羊种，有时可以长出四到六只像山羊一样的角，大家有兴趣的话，可以搜一下图片。这种邪门的长相倒不是来自山羊，据说是西班牙无敌舰队战败以后，船上携带的非洲绵羊游到英国沿岸，跟英国本土绵羊的基因一混合，出了点问题，它们的后代就成了这副毁天灭地的模样。

除了性格温顺，羊还有一样好处，那就是吃得环保不费事，夏天赶到草原或是山里，冬天吃些收庄稼剩下的秸秆就行，所以羊很快成了六畜里仅次于牛、猪的存在。

传统祭祖的最高规格有两种——猪、牛、羊组合叫“太牢”，猪、羊组合叫“少牢”，以前我们觉得这是《周礼》确立下来的，其实根据考古发现，商朝人就已经这么搭配了，一次祭祀能用到几百只羊。不过，考古学家鉴定了一些商朝遗址里的羊骨，发现它们大部分是老羊，基本在3岁以上，甚至还有八九岁的，所以，商朝人把羊养这么大估计不是为了自己吃，主要是为了薅羊毛，薅完羊毛的羊还能用来当祭品，以此糊弄一下祖宗。

最早的羊肉美食

虽然王安石说“羊大为美”，但其实我们都知道，羊越老，肉越膻。这是因为羊肉脂肪里特有的两种特殊成分：一种是羊脂酸，闻着像是汗臭味；另一种是羊蜡酸，它的味道连专业人士都无法形容，只能归结为一种“刺鼻的难闻气味”。它们是由草料在羊胃里经过长时间发酵而生成的，储存在羊的脂肪组织，也就是肥肉里，随着羊龄的增长，羊逐渐发胖，羊脂酸和羊蜡酸不断累积，整只羊也变得越来越膻臭。但是，羊肉里还有一样让人欲罢不能的特殊物质，叫羊油酸，它带着一种独特的奶香味。小羊羔还在长身体的阶段，嫩而不肥，羊脂酸和羊蜡酸含量低，但是羊油酸含量高，吃起来芳香回甘、口感细腻，最为美味。

羊肉的特殊成分也决定了它的烹调方式：一是加上孜然、葱、姜、蒜、胡椒等香料，用大火炙烤或者爆炒，分解羊肉脂肪，尽量削弱羊肉的臊臭感；二是干脆不装了，加入大量的水和其他能吸收味道的食材，比如萝卜，把羊脂酸等的气味稀释掉。如果把这两种方法相结合，则是一些奸商的做法，用羊油掺上便宜的肉类，加工成羊肉卷、羊肉串。有人做过试验，把羊油拌上鸡肉、鸭肉、牛肉、猪肉等各种肉烤熟，能骗过大部分食客。

古时香料和羊肉都稀缺，所以大家一般用羊肉煮汤喝。上古时期，有位奇人叫彭祖，据说他活了 800 余岁，熬死了 49 任老婆和 54 个儿子。传说彭祖的小儿子夕丁喜欢捉鱼，但是彭祖可能已经失去太多儿子了，坚决不让小儿子去水边。有一天，夕丁带了一条鱼回家，怕被父亲责骂，刚好家里在炖羊肉汤，于是他央求母亲烹制，母亲顺手把鲜鱼塞到了汤锅里。开饭的时候，彭祖喝了一口羊汤，觉得比平常更鲜美了，就问家里人是怎么回事。彭祖是煲汤高手，曾经用一锅香喷喷的野鸡羹换了一片封地，汤里加料能瞒得过他吗？后来他就根据这次巧合，发明了一道名菜——“鱼羊鲜”，更讲究的做法叫“羊方藏鱼”，要把鱼肉塞进一大块带皮羊肉里烹熟，而且要做到羊肉酥烂、鱼肉滑嫩，整道菜不带一点羊膻味和鱼腥味才算合格。苏菜厨师很看重“羊方藏鱼”，甚至把它称作“第一名菜”。至于羊方藏鱼里藏的什么鱼，在彭祖的大本营彭城，也就是今天的江苏徐州，厨师一般用鲫鱼，苏州厨师则讲究用鳜鱼，甚至有用鲥鱼的，就是张爱玲说的“恨鲥鱼多刺”的那种鱼，不过现在鲥鱼已经是国家一级保护动物，咱们就别再想它了。

羊方藏鱼在春秋时期变过一种做法，齐桓公的御厨易牙——那个杀了自己儿子并煮给老板吃的“鬼父”厨师——决定反过来做，把羊肉填到鲤鱼肚子里，从羊藏鱼变成了鱼藏羊，可能是齐国的鲤鱼个头太大，不太容易塞进羊肉里。但是易牙自称他问过鱼羊鲜的发明人彭祖，彭祖告诉他这么做也行。根据传说，彭祖在商朝末年就自称有 767 岁，要是几百年后的易牙还能跟彭祖切磋厨艺，那么估计只能在梦里。

“鱼羊鲜”最惊悚的演变还是徽菜里的“鱼咬羊”。传说徽州府有位农夫赶着羊过河，其中有只羊不幸落水，竟然被鱼群吃掉了，岸上的渔夫一看有人免费帮自己打了个窝，赶紧捞了一网鱼，收网回家后，他连同碎羊肉带鱼煮了一锅汤，意外地发现吃过羊的鱼味道更美。道理我都懂，但是，古时的安徽境内难道有食人鲳出没吗？万一掉下去的是个人，那可怎么办呢？

为什么人们传说羊肉和鱼一起煮会特别鲜美？是鱼肉里有什么物质能中和羊脂酸和羊蜡酸吗？

我们还是得看看“鲜”字的本源。最早的“鲜”字其实没有羊什么事，只是三个“鱼”字叠在一起（鱻），《说文解字》解释为“新鱼精也。从三鱼，不变鱼”，意思是刚刚捞上来，还没有变质的鱼。鱼和羊组合而成的“鲜”字，则特指一种产自东北边境貉国，可能是松花江里的某种鱼，但具体是什么品种已经无法考证了。

鱼的全身都包裹着黏液，里面含有大量的氧化三甲胺，但是死鱼身上的氧化三甲胺会不断地脱氧还原，变成腥臭异常的三甲胺。这就是为什么中国人讲究吃活鱼。现杀的鱼哪怕用清水烫熟，都比进过冰柜的鱼好吃得多。所以老祖宗造“鲜”字时，主要是想提醒大家，吃鱼得吃现捞的。吃羊的讲究也差不多，吃小羊，吃现宰的羊。因为古代冷藏条件不好，一旦蛋白质开始腐败，加上羊脂酸和羊蜡酸的酸臭气味，硬吃下去就不只是难以下咽的问题了，很可能是要命的。古时物流也不发达，除了少数能同时出产羊和淡水鱼的地区，要集齐这两种材料太难了，也许这才是“鱼羊鲜”一直备受推崇的根本原因。实际上，今天我们吃到的羊、鱼合煮的菜，不论是羊方藏鱼，还是“鱼咬羊”“潘鱼”“天鲜配”，不但选料必须新鲜，厨师还要用酒和香料最大限度地去除食材的腥膻味，突出羊肉和鱼肉的本味，而不是依靠鱼和羊之间产生某种特殊的化学反应。

中国很多地方都有“伏羊节”，传说也跟彭祖爱吃羊肉有关系，这是持续一整个月的羊肉盛宴，从每年农历“初伏”开始，到“末伏”结束，大家聚在一起喝羊汤、吃羊肉。据说在彭祖的大本营徐州，伏羊节期间，平均每天能吃掉5000只羊。你可能会问了，羊肉大补，三伏大热，难道不怕吃出问题来吗？其实，三伏天期间也是水稻和麦子种植最关键的时期，既要抢收，又要抢种，都是极其辛苦的体力活，所以古人很早就知道这时候要多吃肉来补充体力，抵抗疾病。羊肉里含有大量的血红蛋白，热量能效比特别高，是最适合的肉食来源。

春秋战国的天价羊汤

羊肉虽好，但在春秋战国时期，即使到了孟子这个地位的老人，想喝碗羊汤也很不容易。

显而易见的原因是羊确实不多。整个春秋战国时期，在老百姓饲养的所有家畜里，羊的数量排倒数，当时主要靠官方牧场来养羊，甚至设置了专门的管理员，叫“羊人”；而老百姓能养个一两只就不错了，而且也不是为了吃，还是为了薅羊毛。这让羊肉在春秋战国时期成了贵族专享的美食。

《左传》里记载了一件很离谱的事，说是郑国攻打宋国，宋国主将华元为了鼓舞士气，特地在开战前杀了羊，煮成羊羹，也就是羊肉浓汤，分给大家吃，但是分来分去，竟然没给自己战车的驭手羊斟留一碗。别小看战车驭手这个职业，君子六艺“礼、乐、射、御、书、数”中，排第四的“御”就是驾驶马车的技术，能给领导开战车的必定属于顶尖打工人。羊斟哪里咽得下这口气，到了打仗那天，等到华元上车了，他突然说“之前分羊羹，您说了算；今天驾车，就是我说了算”[①]，然后他载着华元一路飞驰，直奔郑国大营而去。

其实，按春秋时期的战车配置来说，车上除了华元和羊斟，至少还应该安排一个卫士，周围还会有随行的步兵，羊斟的计划本应是很难实现的。但不知道是该夸羊斟的车技惊人，还是该夸春秋时期的贵族打仗太讲排场，郑国军队看见对面的指挥车冲过来了，也没有贸然攻击，不然，华元在“社会性死亡”之前，分分钟就被乱箭射死了。倒霉的宋国军队还没死战，主将就没了，只能投降。郑国对华元这位人质倒是客客气气的，好酒好饭招待着，转身跟宋国要了一百辆战车、四百匹骏马的赎金。羊斟没吃着的这碗羊羹，可能是古今中外的羊肉料理中最贵的一道了。

到了战国时期，中山国的国君竟然把这种傻事又升级了一次，他在请客吃饭的时候，不知怎的，就是少算了一碗，没让大臣司马子期吃着羊羹，“司马”意味着这位可能掌管兵车和战马。司马子期气性大，转头就游说楚国攻打中山国。有趣的是，中山君逃难的时候，还有两个士兵一直守在他身边，原来当年这哥俩的父

①《左传·宣公二年》记载：“畴昔之羊，子为政；今日之事，我为政。”

亲得了中山君赏赐的食物才没饿死，这就是著名的“以一杯羊羹亡国，以一壶餐得士二人”的故事。

所以，也不能怪中国传统讲究吃饭座次、夹菜顺序，有些时候，请客吃饭确实跟身家性命相关。

那么，春秋战国时期的一碗羊羹是什么味道呢？当时不管是贵族吃的肉羹，还是老百姓吃的豆羹、菜羹，都要尽量把汤熬得浓香醇厚。招待贵宾的汤羹就更讲究了，需要“五味调和”，酸、甘、苦、辛、咸每种味道都要来点，这样才显得出厨子的好手艺。根据《吕氏春秋》的解释，这五味不是每样调料都往死里放，而是需要相互搭配。我按厨子的思路考虑了一下，估计这个五味羊羹味道也不差，咸味不用说了，肯定是放盐；酸也好理解，我们炖羊肉的时候，如果想快点把肉炖烂，可以放一点醋，也有人用山楂的，在战国时期主要用梅子来调制酸味，只要酸味不是太浓，应该是古人和现代人都能接受的味道；甜味，可以来一丁点的甘蔗浆或者蜂蜜，提提鲜；至于苦味，在古时是用苦菜或者芥菜来调制的，苦涩里带点蔬菜的清香，也还可以接受；最后这个“辛”其实不完全是今天的辣味，它是一种芳香而麻辣的味道，从《诗经》来看，战国时期，人们就知道用生姜和花椒来做菜，而且羊肉和辛味天生绝配。所以，这种五味羊羹应该还是以咸鲜口为主，带点苦涩和回甘。

除了调味，羊羹里还要放上一些粮食，淀粉的加入能把脂肪和水结合在一起，让汤变得浓稠，不易分层。羊羹里一般是放大黄米，这也是有讲究的，《周礼》里归纳过一个肉类和主食的搭配公式：牛肉配糯糯的稻米饭，羊肉配黄米，猪肉配小米，狗肉配高粱，鹅肉配麦子，鱼肉配菰米。这么一想，春秋战国时期的羊羹有点像现在的砂锅粥，有肉，有菜，有主食，结合场景也好理解。隆重的宴会或者活动上，屋外的大鼎或者大锅里炖着肉羹，宾客们一边闻着香喷喷的肉味，一边在屋里聊天，别提多惬意了。

孟子能喝上羊汤吗?

孟子这辈子最讲究礼数，也看不起馋鬼，甚至觉得即使要饿死了，也不应该吃别人踢过来的食物，后世著名的“饿死事小，失节事大”算是对这种吃饭态度的总结。孟子肯定不会越过自己等级应有的待遇去搞一只羊来吃，要喝羊汤只能靠各家诸侯请吃饭。那么，他能喝上羊汤，尤其是开封羊汤吗?

我们捋一下孟子的游历路线，他这辈子主要去过齐、宋、滕、魏、鲁等国，其中魏国之旅最让孟子刻骨铭心，20 多年后他写书的时候，一上来就放了跟魏王的谈话记录。你可能会说：“不对啊，孟子第一卷的标题不是叫‘梁惠王’吗?”这里有个来历，魏国曾经有过 20 多年的好日子，魏惠王甚至是战国群雄里抢先称王的一方霸主，但后面实在是昏着迭出，只能放弃西部领地，迁都大梁，这标志着魏国沦为二流小国，魏惠王也从此改名“梁惠王”了。秦始皇灭六国后，把打下来的重要城市统统降级、改名，魏都大梁也降为大秦治下的一个县，西汉在此设浚仪县，到北宋的时候又称汴梁，所以“四舍五入”，孟子确实到过开封。

孟子见梁惠王的时间点不好，恰好赶上魏国在马陵打了一个大败仗，精锐的重装特种兵“魏武卒”全军覆没，太子也被敌军斩首，梁惠王心情极度低落，上来就问：“老人家，你不远千里来到这里，能提点对我国有利的建议吗？”①

梁惠王这个人就像现在的一些老板，讲究“快速变现，飞速增长”，而且不怎么讲礼貌；孟子的理念却是长期发展，王道仁义。一通尬聊下来，就算梁惠王端出羊汤请孟子喝，孟子也不一定喝得下去。梁惠王死了以后，孟子又跟继位的梁襄王见了一面，这次孟子的评语更刻薄了：“远看不像个当国君的，近看也不见有什么值得敬畏的地方。”②

孟子虽然去过几趟开封城，但都没有心情吃饭，那么他在其他城市吃得怎样呢？

孟子还在临淄当老师的时候，有一次，齐宣王看见一头要被

---

①《孟子·梁惠王上》中说：“叟！不远千里而来，亦将有以利吾国乎？”
②《孟子·梁惠王上》中说：“望之不似人君，就之而不见所畏焉。”

拉去杀的牛，觉得牛太可怜了，便下令换只羊来。这件事传出去以后，老百姓都笑话大王真抠门啊，齐宣王郁闷得不行，孟子还安慰齐宣王说，虽然杀牛和杀羊本质上没有区别，但是大王您看到牛瑟瑟发抖的样子，动了恻隐之心，这就是仁爱的表现，您下令换只羊，也是因为那只羊没在您眼前经过呀。仁人君子要吃美食，又不忍心看到动物受苦，所以要离厨房远远的。那些老百姓懂什么呢？

这段话听着像“兔兔那么可爱，你为什么要吃兔兔”一样，其实是在提醒齐宣王，大王您是个好人，但不能只看见您跟前的这些贵族老爷，看不见那些底层的百姓，遇到要大家牺牲利益的事，您不先找这些日子过得滋润的贵族，反而去折腾百姓，这怎么能不被人笑话呢？

用羊来比作弱势群体不是孟子的发明，而是真实的历史。秦朝以前，中原周边的游牧部族统称“羌人”，最早的“羊”字可能就来自羌人部族的图腾。前面我们不是说商朝喜欢用羊来祭祖吗？其实在商朝贵族看来，养羊的羌人也约等于羊，羊和养羊的羌人都可以抓来杀掉，献给祖先。甲骨卜辞通称男羌为羌，女羌为姜，所以一直有人推测，齐国的始祖姜子牙来自某支羌人部落；周人也传说自己的先祖是一位姓姜的女子，周文王这一支可能也是归顺商朝的羌人部落。但是羌人也是人啊，谁能一直被动挨打呢？终于，姜子牙遇到了周文王，他们同心协力把商朝给灭了。纣王的哥哥微子手持商朝祭祀的礼器，来到伐纣大军的军营前，脱光上衣，将双手绑在背后，左手牵着羊，右手拿着用牦牛尾装饰的旗子，跪着行到周武王面前，代表全体商朝贵族投降，这就是著名的“牵羊礼”。曾经的吃羊大户向“羊人”俯首称臣，真是风水轮流转啊。不过也有人质疑过微子的投降姿势，说他双手绑在背后，怎么还能左牵羊，右持旗子？又要怎样捧着礼器呢？难道微子也跟哪吒一样有三头六臂吗？

总之，作为曾经的人祭受害者，周朝规定不许再杀人祭天。不知道齐宣王跟孟子讨论牛、羊和老百姓的时候，有没有想起齐国祖先从任人“羊”肉到揭竿而起的悲壮往事。

一碗羊汤的演变

商朝灭亡了，但是大锅煮羊汤的烹调方法却流传了下来，发展成今天中国羊汤的几大流派。一般来说，陕西、河南、四川等地都喜欢熬成奶白色的羊汤，东部就比较喜欢清汤，像山东的莒县全羊汤、苏州的藏书羊肉都偏清淡。其实浓汤和清汤只取决于脂肪含量和火候，想把羊汤熬白，煮的时候加一把羊油，汤烧开以后保持大火，让它持续沸腾 20 分钟，用火力把大块的羊油脂肪打散成细小的颗粒，从而呈悬浮状态，你就能得到一锅香喷喷的羊油悬浊液，俗称浓羊汤。友情提醒，体检有“三高”或者查出痛风的朋友，最好别喝这种汤。

今天，全国各地的羊汤配料虽然各有讲究，汤里有放土豆粉的、白萝卜的，有配芝麻烧饼的、白馍的、烙饼的，但基本还是遵循了肉、菜、主食的搭配公式。要说我们这章的主角——开封羊汤，它有一样别处看不到的搭配，就是羊汤“四样菜”或者叫“四味菜”。开封羊汤馆往往有两口大锅，一口炖羊汤，另外一口用铁片分成四宫格，每一格里都是一样菜，分别是黄花菜、牛肉、炸丸子、面筋，都用老汤煨着，热乎乎、香喷喷的。吃的时候，店家拿一只大碗，每样菜都给你盛上些，冲入滚烫的新鲜羊汤，就着锅盔趁热吃，胃口不大的，两三个人只能吃一份。不过根据开封的朋友的说法，这四样菜的来源其实是清真筵席里的“八大碗”，而羊汤本身的做法倒是跟各地差不多。

今天河南灵宝有一种“灵宝羊汤”，传说是从秦国军队的行军美食“函谷关铏羹”演变而来的，铏羹是用菜肉混煮的汤。“铏”是左边金字旁，右边一个刑法的刑，是一种上宽下窄、两耳三足、带盖子的小型鼎。当年秦军在函谷关击退六国联军后，秦王派人送来肥羊慰劳将士。按照秦人的强迫症和标准化管理，肯定不能像前面被吐槽的华元和中山国国君一样，分碗羊羹都分不明白，我估计他们会让士兵按战斗编队，比如一“伍”（5 人）或一“屯”（50 人）领一只羊、一口铏，大家再一起去挖点野菜，分头煮，各自吃，既节省时间，又免得有谁没吃到。

相比今天的羊汤，秦军吃的铏羹没有辣椒、香菜这两样配料，调味应该也比较寡淡，好在当时羊汤的灵魂伴侣已经出现了，那就是口感扎实的硬面饼，俗称“墩饼”。这种饼用小麦粉加水，在土灶里烤出来，据说一个有五六斤重，又厚又大，又干又硬，十分瓷实。士兵可以把墩饼两边钻个洞，用绳挂在脖子上，前胸、后背各挂上一张墩饼，当作护心甲用。这就是今天陕西锅盔的老祖宗。这种墩饼非常耐放，吃的时候敲一块下来，掸一掸，泡在刚出锅的羊汤里，饼吸饱了汤汁和油花，还带着野菜的香气，真的称得上一道非常难得的战国美餐。秦国是传统的养羊大国，但是相比楚、齐这些国家，并不怎么讲究饮食，这道肉、菜、饼俱备的铏羹，是老秦人难得留下的一道美食记录，也算是给后世的羊汤打了个样。

到了汉代，宫廷里有一道张骞从西域带回来的“胡羹”，其做法是拿上好的羊肋排加羊肉，用水炖到肋排脱骨，再把肉捞出来切块，加上葱头、芫荽这些西域调料，以及“安石榴汁”来调味。安可能指安息，在今天的伊朗，今天的中东炖肉依然有不少是用石榴来调味的。这是宫廷羊羹，在民间，名医张仲景也改进了一下羊汤配方，传下来一个食疗方子——“当归生姜羊肉汤”，专治体质虚寒，特别适合在冬至的时候煮来补身子。

魏晋南北朝时期，东晋有个叫毛脩之的武将，他曾经跟着桓玄起兵反叛，然后投靠了南朝宋开国皇帝刘裕，最后又被北魏俘虏。按这种堪比吕布的跳槽经验，毛脩之本来应该没什么好下场，没想到他厨艺精湛，给北魏太武帝拓跋焘献了一锅羊汤，拓跋焘尝之大喜，说这是“仙汤”，干脆让毛脩之当了太官尚书，也就是御厨总管，还给他封了一个南郡公的爵位。

唐朝人自上而下都爱吃羊肉，一来是羊肉好吃，二来是周边国家朝贡的羊太多了，根据《旧唐书》记载，在武德九年（626年）九月，光颉利可汗一个人就给唐太宗送了将近1万只羊。所以唐朝高级官员每个月的工资里还包含羊肉福利，二品官员每个月可以领20只羊，三品官员可以领12只羊，四品和五品官员可以领9只羊。即使是没有羊肉份例的官员，只要有上朝的资格，也能在公家食堂喝上一碗热腾腾的羊汤，吃上半盘羊肉。唐朝的达官贵人们喜欢吃全羊，《云仙杂记》里记载了一个叫熊翻的人，每次请客都会宰杀一只羊，然后让客人自己提着刀去割下一块羊肉，一旁的仆人马上把羊肉用不同颜色的彩带扎起来，送到厨房蒸熟。过不了多久，仆人端上来不同记号的熟羊肉，大家认准自己之前选定的彩带颜色，把羊肉拿走切片蘸料吃掉。这是比较随性的吃法，颇有游牧民族的风格。精细的吃法就更多了，比如女皇武则天爱吃的“冷修羊”，把羊肉和香料一起炖熟，趁热去骨压平，等完全冷却后，再切成薄片，这是一种精致的羊羹，和今天苏式羊汤馆里供应的“羊糕”有些相似。再精细一些的吃法，要数同昌公主喜欢的宫廷小吃“消灵炙”，这应该是一种秘制羊肉干，据说一只羊身上只能选出四两肉来制作，在夏天常温下放几个月也不会坏。民间的吃法就更多了，当时每到大型节日，百姓都用羊肉来祭祀土神，尤其是每年的大寒节前，大家会将羊肺洗净切碎，加一把葱白，放在豆豉汁里煮熟，这叫“羊肺羹”，是冬天必备的一道热汤。

北宋初期，羊肉还算便宜，所以宋太祖提倡吃羊肉，司马光写《资治通鉴》的时候，还称赞宫廷带头吃羊肉既健康又环保。但司马光不知道的是，宋仁宗晚上想吃烤羊肉都要忍着，怕造成御厨每天晚上都要杀羊，可御膳房每天还是要杀上 280 只羊。贵族、官员和老百姓也在热情地吃羊，《东京梦华录》里记录开封城里有专门的杀猪羊作坊，每天能杀几百头猪羊，店铺有薛家羊饭、熟羊肉铺，夜市里还有旋煎羊白肠、批切羊头、辣脚子等小吃。当时开封城最流行的一种羊汤叫“瓠羹”，是用瓠叶熬成的羹汤，“瓠”是一种类似葫芦的植物。其做法是把瓠子嫩叶洗净切好，和羊肉一起加入葱丝、盐等炖成浓汤，再用姜、醋调味，酸辣可口，大概算是今天的胡辣汤的先祖。当时卖瓠羹的店前都有个小孩不停地叫卖：“饶骨头、饶骨头……”这是说来我们这儿吃瓠羹，就送您炖汤剩下的羊骨头。

大宋毕竟没有大唐那么广阔的领土，又没有邦国进贡，这就导致羊肉价格一路飙升，“挂羊头，卖狗肉”的事也时有发生。《清明上河图》上，开封肉铺里的羊肉价格还能维持在“斤六十足”，一斤大概 60 钱；到了东南的平江府，一斤羊肉能卖到 900 钱，别说一般人，就是官员也吃不起。苏轼被贬到广东惠州的时候，当地市场一天只能杀一只羊，根本不够分，而且苏轼也怕自己因为买羊肉而得罪当地官员，所以只好拜托屠夫给自己留点羊脊骨。苏轼将羊脊骨拿回家后，先用水把它们煮熟，浇上黄酒去腥，再撒上食盐，用火烧烤，待骨肉焦香四溢，再像吃螃蟹一样，将羊脊骨间的碎肉、骨髓挑出来吃。这就是著名的“东坡羊蝎子”。苏

[宋]张择端绘 《清明上河图》(局部)

轼写信给弟弟苏辙的时候，还开玩笑说：“像你这样不愁吃肉的人，估计看不上这种菜。而我每次吃完羊蝎子，骨头都剔得干干净净的，导致身边的狗啃骨头时都不太开心了。”为了满足羊肉需求，北宋朝廷不但每年高价从西夏买羊，还把军马场都用来养羊。后来的事情大家也都知道了，开封城破，逃往临安城的南宋小朝廷更加没有养羊的资本了，在这种大环境下，羊汤的画风也变得文雅起来，当时有本书叫《山家清供》，里面有记录，把羊肉切小块，放在砂锅里，除了放葱和胡椒之外，还有一个秘法——只要捣碎几枚杏仁放进去，用明火煮，不但羊肉酥软，就是骨头也会煮得稀烂，这叫“山煮羊”。后来清朝的《随息居饮食谱》里说，在羊肉汤里加入捣碎的核桃仁一样能去膻增香。

元朝的时候，羊肉倒是不缺了，羊汤的味道变得更加丰富，比如元朝宫廷有道药膳叫“撒速汤”，是用羊肉、羊头、羊蹄子，配上草果、官桂、生姜、哈昔泥（阿魏），在大铁锅里熬成汤，再盛到石头锅里，用大量的石榴子、少量的胡椒、少许盐来调味，喝着应该是酸辣口，带着浓烈的大蒜味。

明朝提倡养猪，羊肉的价格总算是降了下去。到《金瓶梅》里，羊肉已经沦为给下人吃的便宜肉，但是便宜肉也有奢侈的吃法。《两般秋雨盦随笔》里记录了一个八卦，说明朝末年，才子冒辟疆请客吃饭，找了一位知名的淮扬厨师，没想到来谈生意的是位厨娘，给他报了三档价格，上等席面要用500只羊，中等300只羊，下等100只羊。冒辟疆被镇住了，只敢定了中等的席面。到请客那天，厨娘带了100多名厨师，自己穿得体面整齐，并不动手，只指挥大家干活。冒辟疆看厨师杀完羊，在羊头上划拉一刀，就把整只羊扔掉，吓了一跳，问怎么回事。厨娘豪横地说：“羊身上只有嘴唇上的肉勉强能吃，其他地方又腥又膻，哪里吃得！”这次豪宴不知味道如何，而冒辟疆后来确实散尽家财，穷困潦倒而死。《随园食单》里记录了一些正常得多的羊肉汤，基本上是加鸡汤、笋、蘑菇这类提鲜的材料，小火慢熬，跟现代饭店里做的已经没什么差别，但是对清朝的普通百姓来说，即使是最便宜的清水涮肉，可能也是一年才吃得上一回的珍贵美食。

今天，我们走出小区，或者打开外卖软件，就能很方便地点上一碗热腾腾的羊肉汤，有时馋肉了，还能在来自内蒙古、新疆、宁夏等地的优质品种羊里选上半小时，最后无论是清炖还是烧烤，总能找到一种最能喂饱肚里馋虫的做法。不知道孟子如果在天有灵，看着我们大快朵颐的样子，他老人家会不会摇摇头，一边嫌弃我们只追求“口腹之欲”，一边又为自己的理想终于实现而感到欣慰呢？

第七章

鲁班吃过热干面吗？

大家都说，来武汉一定要“过早”，就是要吃一次地道的武汉特色早餐，在这里，“过早”的时候绝对少不了一碗热干面。

武汉热干面和北京炸酱面、山西刀削面、兰州拉面、四川担担面并称中国五大名面，也有说这五大名面是武汉热干面、山西刀削面、两广伊府面、四川担担面、河南烩面，但不管怎么样，其中都少不了热干面。可见它的名头之大。

鲁班与墨子

在武汉街头，最让我们这些游客惊讶的就是当地人边走边吃的绝技。尤其是武汉的上班族，一手端着盛热干面的纸碗，一手拿着筷子，小指头上可能还钩着一个面窝、一杯豆浆什么的，脚下步履如飞，嘴上稀里呼噜，从家门口走到地铁站或公交站这段时间，正好把早点吃完。有的高手还能一边骑自行车一边嗦热干面，当真是艺高人胆大。

吃热干面的人性子这么急，那做热干面的人也肯定慢不了，看着师傅把一把淡黄的粗面条放在笊篱里，浸入沸腾的开水中，滚个十几二十秒就捞出来，控水，装碗，然后倒上一大勺用香油澥好的麻酱、一勺卤水，喜欢吃辣的再浇上一勺红油，最后调入红红绿绿的配菜。在师傅快出残影的手速下，一碗芝麻香味扑鼻的热干面只要 30 ～ 40 秒就做好了。我们趁热把这一碗黄澄澄的面条和小料搅拌开，浓浓的麻酱、辛香的葱花和香菜、甜甜脆脆的碎萝卜干卷在每一根面条上，一口吸入，感觉整个人也被包裹在复合的浓香里，再加上碳水带来的饱腹感，真是双重满足。

除了热干面，武汉人“过早”的几样特色小吃，如炸面窝、三鲜豆皮、鸡冠饺之类，都是用油来拌、炸、煎的米面点心，脂肪、碳水、盐、糖混合物被高温激发的香气一下就能唤醒沉睡了一晚的胃，吃一口，激发的除了我们的血糖，多巴胺和血清素也在血液里涌动，让人精神一振。当然，碳水炸弹也能让体重迅速飞升，虽然真的很好吃，但看看胀起的肚皮，还是得忍下再来一碗的冲动。

这种饮食搭配，应该和武汉的码头文化脱不了干系。从事重体力劳动的工人们在开工之前，为了防止干活时使不上力气，赶紧来一碗热干面这样热腾腾、富含油脂和淀粉的主食，这样既扛饿，又能多出力。

今天我们这章的主角，正是中国工人的祖师爷——鲁班，又名公输般。严格来说，鲁班不能算在传统的诸子百家里，他本人一来没有著书立说，二来在古代“士农工商”的划分法里，工匠的地位很低，所以不能像我们之前讲过的扁鹊一样，自成一个学派。但是，鲁班的发明在他还活着的时候就让许多大佬十分佩服，连孟子这种随意点评国君的人也尊称鲁班一句“公输子”。鲁班的知识虽然没有详细的文字记录，但通过言传身教在中国工匠中代代流传，在中国手工业的地位堪比孔子在学界。

鲁班跟诸子百家中的墨子有一段相爱相杀、相伴相生的孽缘。我们现在了解到的一些鲁班的传说，比如他用竹子和木头造了一只能飞的机械鸟，能飞三天三夜不落地，就是墨子记录下来的。墨家是诸子百家里少见的劳动实干派，整个门派讲究粗茶淡饭、努力搬砖，可能也是因为这样，墨子跟鲁班简直成了一生之敌，一见面就要展开技术比武。鲁班跟墨子最著名的一次对决就发生在武汉附近。当时楚国决定兴兵攻打宋国，这时的楚国早已不是当年只能向周天子进贡茅草，换来一个子爵爵位和五十里领地的“蛮夷小国”，而是占据着方圆五千里的南方霸主，在多次请求周天子加封楚国而不得以后，楚国国君干脆骂了一句“我蛮夷也”，决定老子自立为王了！

而此时小可怜宋国只控制着河南商丘和江苏徐州这一片，和楚国一比，无论是地盘还是人口、财力、军力，都不值一提。

楚国打宋国，本就是“吊打”，但为了万无一失，楚王还千里迢迢从山东的鲁国请来鲁班，让他设计了一样黑科技“神装”——攻城云梯。据说这是一种安装在战车上的装备，平时折叠起来，攻城时只要发动机关，梯子便节节升高，仿佛能搭在云彩上一样，所以被称为“蒙天之阶”。

我们知道墨子的口号是“兼爱、非攻”，传说他还是宋国人，听说自己家要没了，赶了十天十夜的路跑到楚国国都来劝和。他先找到鲁班套磁，说：“今天我要是给你十镒黄金，让你帮我杀我的一个仇人，可以吗？”这种触犯刑法的事，鲁班当然是严词拒绝的。墨子继续说：“我听说您现在要帮着楚国攻打宋国，这种不仁不义、不智不忠的事情，咱们怎么能做呢？”

鲁班当场就变了脸色，但又实在说不过墨子，只好推说：“方案已经交给楚王了，您要不跟他聊吧。”

墨子又跑去游说楚王，说：“咱们楚国地盘这么大，物产这么丰富，还要去打宋国，就跟您已经开上了保时捷，还想去偷隔壁老王的电瓶车一样。您觉得自己是不是有病？”

楚王跟鲁班一样，无法反驳但又心有不甘，他觉得自己手握胜券，不打一仗心里不痛快，就往鲁班身上推，说：“我们鲁班大师的‘神装’都做出来了，哪有不开团的道理呢？”

墨子一看这对甲乙双方的关系挺“塑料”的，就拍胸脯说：“鲁班的所谓‘神装’其实打不了仗，不信您叫鲁班来跟我一决胜负。”

鲁班心里自然也不痛快，心说我一个外包难得接个大活，原型机验收合格了，我从家乡带来的团队也到位了，眼看大合同就要签下来了，这时候，甲方轻飘飘来了一句有第三方专家评审，说这项目从立项就是错的，必须取消。那指定是门儿都没有。

于是，两人就在楚王面前展开了世界上第一场桌游大战。

外聘专家墨子解下腰带，围作一座城的样子，用小木片作为守备的器械。满肚子气的鲁班为了自己的工程款，使出了浑身解数，多次摆出攻城用的器械，可是奇怪的是，鲁班把自己攻战用的器械用完了，还是没能攻下这座模拟的城池，最后只能认输。

而墨子呢，他的防御手段还没用完呢，你说气人不气人。

这场一对一桌游以墨子的全面胜利而告终。但是，首先，笔在人家墨子手里，实际战况怎么样，我们并不清楚。而且在古代战争中，守城方一般占据着地形、人心和手段上极大的优势。人类战争史上，攻城战能打上几年的数不胜数，甚至还有南宋末年的钓鱼城这样的硬骨头，面对蒙古大军坚守了足足36年，还反杀了敌方首领蒙哥。

在我看来，鲁班和墨子都是春秋战国之际的顶尖科学家，不过鲁班是应用派，先有实际的需求，再研究解决方法；而墨子更偏向于理论派，他研究物理、数学都先从逻辑和政治理想出发。墨子能赢得“战棋”胜利，证明他研究出的筑城防御方式是行之有效的，这算是理论科学家的工作范畴，将图纸上的模型放大到方圆十里的城市中，使用什么样的原料、以什么样的构型、如何达到要求则归于工程师们的业务领域。

有时理论正确却无法付诸实践，比如可控核聚变，理论上没问题，可是受制于目前的材料、控制水平等，工程师依然无法制造成功。反过来，飞机已经上天100多年了，科学家依然无法完全解释升力的完整理论。

除了云梯，墨子还嘲讽了鲁班为楚国发明的另一件兵器“钩拒”，也叫“钩强”。这是一种改进型长矛，只不过矛头变成了两个分支，弯曲如钩的横枝为“钩”，钩子的钩，用来钩住敌军的船舷，

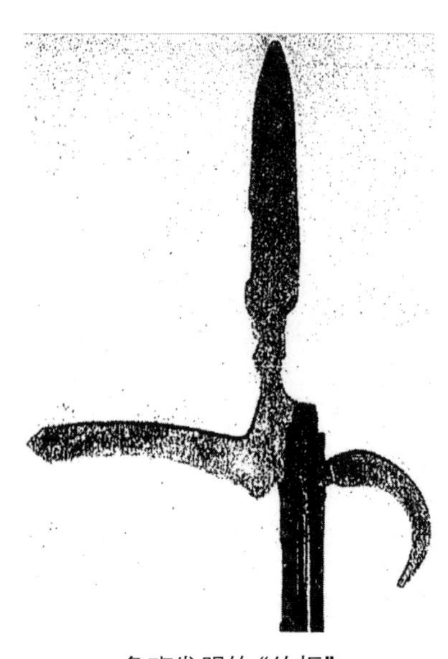
鲁班发明的“钩拒”

拉近双方船只的距离后，己方的士兵就能跳到敌船上开始肉搏；平直的横枝称为“拒”，拒绝的拒，用来顶住敌船，拉开双方的距离，避免敌军跳上自己的船。而且钩和拒是开了刃的，用来钩人的杀伤力也很大。《荀子·议兵》里记载，“宛钜铁釶，惨如蜂虿”，宛钜就是楚国宛地生产的钩拒，这里形容它如同蜂、蝎的毒刺一样，可见其锐利。就连《孙膑兵法》里都提到了钩拒，原文为“钩楷”，称赞它是水战必备利器。

墨子这次就有点口头耍赖了，说他用“爱”来钩人，用“恭敬”来拒绝，如果不用爱来吸引人，就建立不了亲密关系；如果拒绝别人不够恭敬，就容易不严肃。用他仁义的钩拒能跟其他人相亲相爱，而用鲁班的物理钩拒，跟别人只能是互相伤害，所以他的仁义比鲁班的兵器要强。

讽刺的是，说服楚王放弃攻击宋国后，墨子途经宋国时遇到大雨，守门的军士却不认识救下宋国的墨子，不让他进来避雨。墨子在书里感慨道：“默默运用神机的人，无人知晓；而表面争辩不休的人，众人却都知道他。”

墨子对鲁班的评价未免太过苛刻。传说里的鲁班跟墨子笔下那个空有一身技术，却爱炫耀的疑似工科宅男鲁班，完全是两副面孔。古往今来，大家更愿意相信鲁班是一位人民发明家，他的作品有古代工匠常用的几件利器，如锯子、曲尺、墨斗、刨子等，尤其是被称为“鲁班尺”的曲尺，被孟子称赞为“不以规矩，不能成方圆”。他研发的军工产品——“云梯”现在演变成了消防员救人性命于危难的装备，“钩拒”则演变成了船舶靠岸时的套索。其他还有鲁班锁、鲁班井之类的发明，在今天还在使用。除了这些，鲁班还有一项重要发明——“石磨”，将两块比较坚硬的圆形石块凿出密布的浅槽，将米麦置于两块石块之间，通过人力或畜力转动石块，将米麦磨成粉。在此之前，人们主要通过石臼将米麦脱壳、捣粉，效率远远低于石磨，粉质不均匀还容易浪费，是鲁班的发明让我们更容易地吃到了“面”这种食物。因此，今天我能吃到热干面，也要感谢鲁班。

当然，也有人说，很多发明不是鲁班这个人研究出来的，比如在西周已有使用铜锯的记录，古书里也早有“锯”这个字；在鲁班出生前4000多年，浙江河姆渡文明就出现了大量的榫卯结构物件。根据考证，就连现在传世的《鲁班经》《鲁班书》其实也都是到清朝和民国才整理出来的，汇总了历代工匠口口相传的技法和样式，不过借用了鲁班这位祖师爷的名字。上面我们总结的来自鲁班的神奇发明，可能也是一代代劳动人民的智慧结晶，只是在普通民众无法留下详细文字的年代，大家把成果都挂在鲁班的名下，希望再有一位像鲁班一样关心人民生活又有丰富智慧的大师出现，为大家排忧解难。时至今日，中国建筑工程领域的最高奖项还是“鲁班奖”，这充分表达了中国人对这位工匠大师最高的敬意。

吃一碗面有多难

按春秋战国时期的饮食规定，以鲁班为代表的工匠，平日的主食不外乎黄米、麦子、大豆这几样，所谓“麦饭、豆羹皆野人农夫之食耳”，至于精细的小米和大米，一般只有贵族才有资格享用。

当时做饭的方式主要有三种：一是加水煮成饭或粥；二是锅里不放油，直接把粮食炒熟成干粮；三是用石碾子或石臼把粮食磨成粉，再加水、和面做成其他食物。在工地上，应该以后两种吃法为主。

那么，鲁班有没有可能吃过热干面，或者至少吃过面条呢？

还真有可能。2002 年，在青海省的喇家村，考古学家发现了一只倒扣的古陶碗，小心掀开一看，在碗扣着的土堆上方有卷成一团的浅黄色条状物，粗细均匀，跟现代兰州牛肉面里最粗的“二柱子”相像，一经化验，竟然是用小米和少量的黄米做成的，这就是世界上最早的一碗面条，距今有 4000 多年。这碗面条里还检测出少量碎骨头和少量的油脂，说明这是一碗香喷喷的肉汤面。

小米本身是一种含有抗性淀粉和大量纤维质的谷物，就是没什么黏性，面团拉伸性差，用西北流行做拉面的方法是拉不起来的。所以，考古学家用了做饸饹面的传统工具，再通过烫面、捶面来增加面团的韧性，终于用同样的配方做出长度1米以上的小米面条。

今天世界各地制作面条的主要材料是小麦，早在1万年前西亚的新月沃地，也就是从地中海到波斯湾这一片已经有了最早的小麦，然后经过新疆，一路自西向东传到了黄河流域。在青海北部的甘肃东灰山发现了跟喇家遗址这碗面条差不多同一时期的炭化小麦。如果曾经生活在喇家遗址的古人没有遭遇地震或洪水等天灾，也许很快便能学会制作小麦面条了。

到了商周时期，产量稳定的小麦逐渐成为北方人民的主食，殷墟出土的甲骨文中有“食麦”“告麦”的字样，证明麦子丰收是所有人的期盼。这么算来，到了春秋战国时期，传说由鲁班发明的石磨应该研磨过大量的小麦。

但是，把面用搓或者拉的方法处理成长条毕竟更费劲，所以一直到秦汉时期，人们主要还是用小麦面粉加水，然后滚圆、拍扁，做成一张饼。这个时候，一切用面粉做的食物都叫“饼”，蒸熟的叫“炊饼”，烤熟的叫“烧饼”。当时还有一种吃法，就是把面团切成小片，再放进热汤里烫熟，类似今天的揪面片，叫“汤饼”；另外还有一种“索饼”，顾名思义，就是一些不怕麻烦的吃货把面团弄成条状，再加水煮，可能就是现在的手切面、刀削面的祖宗。

到三国时期，汤饼已经成了一道流行主食，大家相信热汤饼有养生的功效，最好是在三伏天吃一碗热热的汤饼去去寒气。魏国曾经有一位知名花美男，名叫何晏，他母亲二婚嫁给了著名“人妻控”曹操，从此何晏也有了跟曹氏子弟一起穿金戴银的资格。但是何晏个性招摇，跟曹丕、曹叡两父子的关系紧张。曹叡登基后，有一次故意把何晏叫来，又让人端来一大碗热汤饼（指热汤面），逼着何晏这位叔伯辈的重臣当众吃下去，就是为了看何晏脸上有没有擦粉，万一脱妆了，就让大家一起笑话他。

何晏吃得满头大汗，但还是努力维持端正的仪态，吃完还不慌不忙地用朱红色的袖子擦了擦汗，显示脸上没有化妆，自然就不会脱妆，一张俊脸白里透红，更加好看了。这就是《世说新语》里“傅粉何郎”的故事。

到了唐朝，汤饼的形状逐渐转变为以条状为主，拉面的工艺也越来越好。除了南北朝传下来的“韭叶面”，还出现了像帘子棍、一窝丝这样以形状细分的精致面食。尤其是唐代的长安城天气闷热，人们就发明了一种面条的新吃法，叫“冷淘”，杜甫就很喜欢吃槐叶冷淘。其做法是用鲜嫩的槐叶榨汁和面，做成碧绿的面条，煮熟以后在井水里淘洗，捞出后再拌上作料，吃在嘴里既有植物的清香，又像吃冰一样冰凉爽口。炎炎夏日，来一份冷面或者拌面，自然比被迫当众喝热汤面的何晏要舒服多了。

从面条的发展史来看，鲁班应该是没有吃冷面的口福，至于热干面，就更不要想了。之前有人传说，20 世纪 30 年代，汉口关帝庙一带有个叫李包的面摊小贩，有一天他卖剩了一些面条，觉得扔了可惜，于是他就把面条用水煮熟并晾在案板上，不料他在收拾东西的时候，一不小心打翻了香油瓶，香油正好泼在面条上。李包一看非常心疼，只好将面条用油拌匀重新晾放。第二天早上，李包将拌油的熟面条放在沸水里稍烫，捞起控干水放到碗里，然后加上他卖凉粉用的酸辣小料，这成了最早的热干面。其实，热干面的出现没有那么巧合，它是中国少有的真能找到具体的发明人，甚至能找到官方记录的街头特色小吃，这人就是黄陂人蔡明纬。

蔡明纬最早在汉口的长堤街摆摊卖面，因为很受欢迎，有些客人等不及就走了。为了加快出餐速度，蔡明纬摸索出一套“掸面”的方法，就是先把面煮至七八分熟，然后赶紧把热面条摊开、扇凉，再薄薄地抹上一层油防止粘连。到客人点单时，抓起一把熟面条，在开水中烫几分钟就能吃了。

有一次，蔡明纬路过麻油作坊，看见榨完油的芝麻酱香气扑鼻，却卖得很便宜，就尝试将芝麻酱加进拌面的小料里。经过反复试验，他推出新产品上街叫卖。于是，热干面这个武汉人民最爱的小吃就这样诞生了。此时这种面还叫“麻酱面”，直到 1950 年做工商登记时，才正式改名为“热干面”。

有人说，热干面一定要用碱水面，其实不完全正确，地道的说法应该是水切面。这是一种淡黄色、散发着碱水清香的粗面条。之所以要加入食用碱，有人说是因为武汉夏天高温且时长，加碱可以杀菌，防止面条变质；也有人说主要是为了中和面团的酸味。我请教了专家，以上的说法都对，而且加入适当的碱可以使面粉在受热分解时，吸收水分，这样吃起来才筋道爽滑。

我们这里说的碱不是氢氧化钠这种烧碱，而是生活中经常接触到的碱性盐——碳酸钠，俗名是苏打，又叫纯碱。人类最早使用的纯碱是自然界里存在的含水碳酸钠，今天在河南桐柏还有全亚洲最大的天然碱矿。但是，毕竟不是谁家都这么好运，住在碱矿旁边。几千年前，古埃及人发现，把芦苇烧成的灰和在面团里，做出来的面包更加蓬松，也不容易发酸。后来大家又发现把草木灰跟油脂混合起来，反而能够去油。我国古代也会拿猪胰腺、猪油与草木灰混合，做成名叫“胰子”的土肥皂，今天不少地方还把肥皂叫胰子。

在制作面条时，草木灰的作用就更重要了。兰州牛肉面中有一样重要配料就是蓬灰，这是因为很早以前，吃货们发现用蓬灰能大大地提升面条的韧劲，让面条变得更硬，做好后不易粘连，并由此发明了拉面，即使今天主要是用纯碱和面，还是保留了“蓬灰”的名称。

碱很重要，但是做热干面的面条里还有一样关键的东西——油。

在湖北黄陂本来就有一种“油面”，这是一种土法挂面，揉面时就加入盐和草木灰，然后切成宽面条，在宽面条上抹上植物油并搓圆，盘在筷子上挂起来，利用重力抻成长长的挂面。民国以后，心思活泛的武汉商人引进了压面机，用机器做碱水面又快又省力，而且面条像水流一样源源不断地从机器里冒出来，只要根据需要切出合适的长度就可以，而且保留了传统油面的基本口感，于是就叫“水切面”了。

远方来客：芝麻和胡萝卜

热干面还有一大特点，就是扑鼻的芝麻浓香。

相传芝麻是张骞出使西域带回来的种子，故名“胡麻”。不过这种说法未见于史料之中。我国考古界在我国南方湖州钱山漾新石器时代遗址和杭州水田畈新石器时代遗址都曾发现过古代芝麻种子，因此有人推测芝麻其实起源于我国。至于“胡麻”，很有可能是纺织上用的“亚麻”，而非可以食用的芝麻。

芝麻可以榨油，我国古代就已经发现。但在古代，这种油不是用来吃的，而是用作照明的灯油，以及放火的助燃剂。《三国志·魏书·满宠传》提到，合肥的“经验包”，孙权孙十万，又一次带兵十万来到合肥。“宠驰往赴，募壮士数十人，折松为炬，灌以麻油，从上风放火，烧贼攻具，射杀权弟子孙泰。”这里满宠用来烧攻城工具的麻油就是芝麻油。

芝麻油又称为“香油”，以其浓郁的香气而著称，而芝麻油不适合炒菜，正是因为这香味太重，掩盖了菜本来的味道，就是大厨和老饕爱说的“抢味”。炒菜更适合使用香味稍淡的豆油或菜籽油，这样炒出来的菜味道更佳。

至于芝麻酱的历史要远远落后于芝麻油。宋代金华地方食谱《吴氏中馈录》中记录的“水滑面方”里出现了麻酱：“用十分白面，揉、搜成剂。一斤作十数块，放在水内，候其面性发得十分满足，逐块抽、拽下汤煮熟，抽、拽得阔薄乃好。麻腻、杏仁腻、咸笋干、酱瓜、糟茄、姜、腌韭、黄瓜丝作齑头，或加煎肉，尤妙。”其中提到的“麻腻”即芝麻酱。

袁枚的《随园食单》里提到面茶的制作方法时，也提到过麻酱：“熬粗茶汁，炒面兑入，加芝麻酱亦可，加牛乳亦可，微加一撮盐。无乳则加奶酥、奶皮亦可。”也就是说，到清朝时，“芝麻酱”三个字已进入了名人食谱。

当然，提到吃，自然少不了常下江南的乾隆。有一道与他无关又有关的清新爽口、酸甜开胃的凉菜，也是以芝麻酱为主要调料，浇在白菜上而成。说无关，是他大概没吃过这道菜；说有关，那便是这道菜以他的年号命名——“乾隆白菜”。

能找到的最早的芝麻酱的源头，也只能追溯到宋朝。这可能与榨油的方式改变有关。

在此之前，植物油的提取通常是经过简单的机械压榨，也就是借助机械外力的作用，将油脂从油料中挤压出来的取油方法。所用的方式无外乎两种，和将米麦制成粉状一样，就是垂直上下地杵，或者旋转地磨。比如大街小巷曾经常见的招牌“小磨香油”，指的就是用后面这种方式制成的芝麻油。

这样的方式不光费时费力，而且出油率低。到了宋朝，出现了“水代法”，减少了人力，增加了出油率。而芝麻酱是榨取香油中间的一环，它出现的时间至少应该跟“水代法”榨油同步。

今天我们都知道油不溶于水，而且油比水轻，把油和水混合，放一段时间，一定是油在上，水在下。水代法就是利用了这个特性，先把芝麻研磨搅碎，再加热水搅拌，让芝麻胚充分吸水，冷却沉淀以后，上层是芝麻油，下层是比较粗糙的芝麻酱。用水把芝麻里的油分置换出来，所以叫“水代法”。要是不想要芝麻酱，还可以用重物继续压榨下层的粗芝麻酱，直到榨干最后一滴油。

不过，芝麻酱的成分决定了它比较容易分层，所以真要用它来拌面的话，得在酱里一点点地调入茴香、八角、花椒这类香料煮熟滗清后的香料水，或者是加入用香料炸出来的料油，然后顺时针搅拌，让芝麻酱里的小颗粒不溶物均匀地分布在混合液里，这一步的学名叫均质化，也就是我们说的把芝麻酱“澥”开。吃老北京涮羊肉的蘸碟一般是用水调成的芝麻酱，而拌热干面时，讲究味道浓厚，就得用油调的芝麻酱。

现代用更先进、更专业的方式来榨油的话，芝麻的出油率为45%～55%，是常见的油料作物中最高的，大约相当于1斤芝麻可以榨出5两油。而菜籽的出油率低于40%，大豆只有区区15%，但是大豆产量高、价格便宜，榨完油还可以做动物饲料和堆肥，所以也不亏。

今天超市常卖的芝麻酱叫“二八酱”，是用 20% 的芝麻酱加 80% 的花生酱混合而成的，这是因为芝麻的浓香非常特殊，适当用一些就可以骗过大部分食客的味蕾，而花生又便宜，正好可以降低成本。但是正宗的热干面店必须用纯芝麻酱，芝麻酱少一点都达不到浓香扑鼻的效果。现在热干面店一般是用黑芝麻酱，因为黑芝麻的风味比白芝麻更浓，颜色更深，让人看着更有食欲。而在创始人蔡明纬的配方里用的是白芝麻酱。如果大家到武汉，可以跟热干面店的老板确认一下用的是哪种酱，对比一下哪种麻酱更好吃。

算算时间，芝麻酱直到宋朝才被大量生产，而鲁班却生活在宋以前将近 1500 年的春秋战国。所以很遗憾，虽然鲁班在楚国做过挺长时间的项目，但芝麻酱的美味他是无缘尝到了。

热干面的灵魂配料里有一样是萝卜丁，正宗热干面里拌的不是白萝卜丁，而应该是胡萝卜丁。这是因为现代胡萝卜有一种脆甜的口感，而且水分比白萝卜要少得多，用胡萝卜来做腌菜，脱水损耗比白萝卜要少，做出的成品更多。

大家可能在网上看过一些八卦，说最早的野胡萝卜是深紫色的。其实最早的胡萝卜长得还要磕碜一些，样子就像一截树根，歪七扭八，看着十分可怜，味道苦涩，但是它的种子有香气，所以中亚人把胡萝卜种子磨碎当香料使用。古埃及文书里记载，一些聪明的奴隶学会了辨认哪些形状的胡萝卜吃起来比较甜，还把这种胡萝卜的种子留下来慢慢培育，这是人类历史上第一次培育出可食用胡萝卜。但是你可能会问了，在西方一直到二战前，胡萝卜主要都是拿来喂动物的，蔡明纬发明热干面是在 20 世纪 30 年代，那么蔡老爷子是怎么知道用胡萝卜做菜的呢？

其实，中国人食用胡萝卜的历史比我们想象的还要长，李时珍在《本草纲目》里记载，胡萝卜是“元时始自胡地来，气味微似萝卜”。根据专家考证，胡萝卜曾通过两条路线多次传入中国，最早可能是在宋朝的时候沿丝绸之路传入我国西北一带，再逐渐传入内蒙古和华北，在元末明初之间传到安徽、江苏等地。还有一条路线是沿着海上丝绸之路进入我国东部，而且作为蔬菜开始规模化种植。南宋淳熙二年（1175 年）安徽的《新安志》、绍定三年（1230 年）浙江的《澉水志》里都出现了种植胡萝卜的记录，同时期还流传着一些关于胡萝卜的菜谱。

虽然胡萝卜是因为味道类似萝卜而得了这个名字，但要是把它们俩摆在一起，一眼就能发现它们的不同。白萝卜属于十字花科萝卜属，叶子像扁平的羽毛；而胡萝卜属于伞形科胡萝卜属，叶子的下部是长长的梗，上方是伞状的叶片。无论从植物学分类方面来看，还是从起源方面来看，它们都不是一家人，从血缘上来说，胡萝卜和茴香、孜然、莳萝、香菜才是亲戚。

说到香菜，喜欢的人甘之若饴，厌恶的人讨厌之至。全球讨厌香菜味道的人高达 15%，甚至每年的 2 月 24 日被命名为“世界讨厌香菜日”。由于含有比较多的挥发油成分，香菜本身带有一股浓郁的气味。讨厌这种味道的人会闻到“臭虫味”，这可能是因为有的人嗅觉比较灵敏，能够闻到香菜含有的如反式 –2– 癸烯醛的醛味，从而引起反胃的感觉。

而日本反其道而行之，竟庆祝起了香菜节，推出了香菜盖饭、香菜拉面、香菜冰激凌、香菜味汽水等产品，同样人们趋之若鹜。果然如老祖宗所言：甲之熊掌，乙之砒霜。

香菜并非我国原产，而是张骞出使西域时带回来的。《齐民要术》引《博物志》曰，“张骞使西域，得大蒜、胡荽”，其中胡荽便是香菜。十六国时期，后赵皇帝石勒是羯族人，也就是胡人。东晋陆翙在《邺中记》中记载：“石勒讳胡，胡物皆改名，名胡饼曰麻饼，胡荽曰香荽。”后来山西一带传着传着就俗称为香菜了，在河南、江南又称“芫荽”。“芫”字，《说文解字》中曰“鱼毒也”；“荽”字，同“葰”，《集韵·脂韵》：“葰，《说文》‘姜属，可以香口’。或作荽。”两个字很形象地表达出香菜气味特殊，食用起来却香口美味的特点——简直是蔬菜里的臭豆腐。

想来鲁班没有尝过香菜的味道，我们便没有机会知道他是力挺香菜的一方，还是反对的一方了。

热干面的辣味来自辣椒油和辣椒，肯定也不是鲁班能尝到的。至少到 16 世纪末，明朝后期，辣椒才传入中国。最早的文字记录出现在高濂的《遵生八笺》中："（番椒）丛生，白花。子俨秃笔头，味辣，色红，甚可观。"看起来，最初辣椒传入中国还是作为观赏植物，并没有成为可食用的植物。直到康熙六十一年（1722年），才有了中国食用辣椒的最早记载，《思州府志》记载："海椒，俗名辣火，土苗用以代盐。"当时贵州的贫苦劳动人民用便宜的辣椒取代昂贵的盐下饭。康熙年间，贵州巡抚田雯的《黔书》上指出："当其（盐）匮也，代之以狗椒。椒之性辛，辛以代咸，只诳夫舌耳，非正味也。"

今天我们吃辣椒已经完全是个人喜好，不再是因为盐价压迫，无奈之下的选择。不过俗话说，"吃辣一时爽，肠胃火葬场"。想一想遍地开花的肛肠医院，吃辣椒还是要量力而行啊。

除了辅料，热干面里还会加盐和鸡精、蚝油、生抽、醋等调料。

可以肯定，如鸡精、蚝油这些诞生于20世纪以后的现代调料，鲁班一定没有接触过。那么生抽、料酒和醋呢？

生抽是酱油的一种。中国制作酱的历史可以追溯到周朝，那时的酱主要用肉和鱼制成。如《诗经·大雅·行苇》中记载："醓醢以荐，或燔或炙。"其中使用肉类、鱼类发酵而成的叫作醢，在酿造时加入动物血液制成的叫作醓。这几个难读又难写的字不用放大镜都没法区分，咱们只需要知道它们是酱汁就行了。

在制酱的同时，人们发现酱的汁液具有一种特殊的香味，这就是最早的酱油。早期的酱油都是动物蛋白酱油，是贵族才能享用的奢侈品。到秦汉时期，出现了类似于酱油的调味料，在东汉崔寔撰写的《四民月令》中就提到了“……可作诸酱、肉酱、清酱”。到了20世纪八九十年代，酱油在某些地方还被称为“清酱”。北魏的《齐民要术》中提到“豆酱清”，可以认为那时已经使用豆制品制成植物蛋白酱油。但此时的清酱或酱清可能依然更接近于黏稠状的固体，而非液体。

“酱油”一词最早出现于北宋，疑似托名苏轼所作的《格物粗谈·韵藉》中说：“金笺及扇面误字，以酽醋或酱油用新笔蘸洗，或灯心揩之，即去。”这里拿酱油还只是当橡皮使。

作为可以食用的酱油，则是出现在南宋时期的《山家清供》，记载用酱油、芝麻油炒春笋、鱼、虾；《吴氏中馈录》记载用酒、酱油、芝麻油清蒸螃蟹。由此可以看出，植物蛋白酱油已经成为较为常见的民间使用的产品。

醋的历史更悠久，在周朝负责酿造醋的职位，《周礼》中有“醯人掌共五齐、七菹”的记载，其中的醯就是醋。以至于后来山西人因善酿醋、爱食用醋而被称为“老醯儿”。

到了春秋战国时期，出现了专门的酿醋作坊，醋已不再是王室专用。《论语·公冶长》中有记载：“子曰：‘孰谓微生高直？或乞醯焉，乞诸其邻而与之。’”但那时醋的产量较低。

到了汉代，醋已经开始普遍生产。东汉的《四民月令》中记载有醋的酿造时间："四月四日可作酢，五月五日亦可作酢。"酢也是指今天的醋。

沿着食物的历史一路查下来，似乎进入宋朝，饮食的种类和方式出现了较大变化，这明显得益于科技的发展，出现了炒锅和油料，可以对食材进行炒制加工，又有了大量的调料。所以一碗平平无奇的热干面里也承载了 2000 多年来我们不断引进、改良食材的成果。

虽然鲁班本人没有机会吃到一碗咸辣鲜香的热干面，但是，各行各业像鲁班一样勤劳、灵巧的中国工匠通过不断总结、提升自己的经验，才一步步点开了我们中国人在农业和美食方面的科技树，让我们走到今天这样物产丰富、生活便利的新世界。我们这些新时代的打工人在吃到热干面和各种小吃的时候，别忘了感谢鲁班和他的继承者们呀。